油气输送焊管的残余应力及其控制

熊庆人 李 霄 霍春勇 冯耀荣 等编著

石油工业出版社

内 容 提 要

本书总结了国内油气输送焊管残余应力研究的最新成果，系统介绍了残余应力的概念、残余应力对产品质量和服役性能的影响等，分析了焊管制造工艺对残余应力的影响，阐述了焊管残余应力测试方法，给出了不同管型焊管的残余应力水平及分布规律，提出了油气输送焊管残余应力的预测方法、控制指标及调控措施等。

本书可供从事油气输送焊管研究、生产制造、管道建设与运营等相关领域的科技人员和管理人员，也可作为有关专业大专院校师生的参考书。

图书在版编目(CIP)数据

油气输送焊管的残余应力及其控制/熊庆人等编著．
—北京：石油工业出版社，2021.5
　ISBN 978-7-5183-4574-8

Ⅰ.①油… Ⅱ.①熊… Ⅲ.①石油管道-残余应力-研究 Ⅳ.TE973.3

中国版本图书馆 CIP 数据核字(2021)第 046188 号

出版发行：石油工业出版社
　　　　（北京安定门外安华里2区1号　100011）
　　　　网　　址：www.petropub.com
　　　　编辑部：（010）64523583　图书营销中心：（010）64523633
经　　销：全国新华书店
印　　刷：北京中石油彩色印刷有限责任公司

2021年5月第1版　2021年5月第1次印刷
787×1092毫米　开本：1/16　印张：12.25
字数：210千字

定价：70.00元
（如出现印装质量问题，我社图书营销中心负责调换）
版权所有，翻印必究

序

机械零部件及金属结构内往往存在残余应力,由于残余应力水平高、分布状态复杂导致零部件及结构失效的案例数不胜数,因此残余应力一直是研究热点和工程应用的核心问题。

油气输送焊管有多种类型,高钢级大口径油气输送焊管主要包括直缝埋弧焊管和螺旋缝埋弧焊管两种管型。随着油气管道工业的发展,螺旋缝埋弧焊管及直缝埋弧焊管均得到了快速发展。虽然螺旋缝埋弧焊管是我国油气输送领域的主要管型,但由于其内部残余应力水平较高,曾一度制约了其在高压大口径输气管道工程中的应用。因此,残余应力调控是提高螺旋缝埋弧焊管质量、保障管道安全的重要手段。

二十余年来,中国石油集团石油管工程技术研究院联合有关单位开展了油气输送焊管残余应力测试、影响因素、预测方法、调控措施等方面的研究工作,取得了重要的成果,在油气管道特别是高压大口径输气管道用焊管的残余应力调控和质量性能提升方面发挥了重要作用。

本书介绍了残余应力研究及测试方法的现状和进展,提出了油气输送焊管残余应力测试技术;针对不同的制造工艺,分析了不同管型焊管在制造过程中不同工序对残余应力的影响;对不同管型、不同厂家、不同规格、不同钢级焊管的残余应力进行了测试,给出了其残余应力水平及分布规律;从焊管生产实际出发,对焊管切环试验后管段的变形模式进行了分类及力学分析,提出了焊管残余应力预测理论模型;阐明了影响焊管残余应力的关键成型参数及主要因素，并提出了相应的调控措施。

　　本书归纳总结了国内油气输送焊管残余应力研究的最新成果，具有创新性和实用性。当前，我国油气管道工业仍处于快速发展时期，对油气管道特别是大口径厚壁高压输气管道用焊管的质量和服役性能提出了更高的要求，希望广大科技工作者共同努力，持续深化焊管残余应力研究工作，不断提升焊管质量，为我国油气输送焊管制造业及管道工业的科技进步和质量安全保障作出更大贡献。

中国工程院院士　李鹤林

前　　言

进入 21 世纪以来，随着油气管道行业对不同类型焊管的需求增大，我国的焊管制造技术得到了很大提升。油气输送焊管在制造过程中要经历塑性成型、焊接、扩径和水压等过程，从而导致焊管内形成不同状态的残余应力，并进而影响焊管的尺寸精度、服役性能及安全可靠性等。螺旋缝埋弧焊管是我国油气输送焊管的主要管型，由于采用钢带螺旋式成型，且焊后无整体冷扩径工序，其内部往往存在较高水平残余应力，因此制约了螺旋缝埋弧焊管的使用。系统地研究油气输送焊管残余应力的产生原因、测试方法、残余应力大小及分布特点、影响因素及规律、预测方法及控制指标、调控措施等，对获得低残余应力螺旋焊管、提高焊管质量及安全可靠性、降低工程成本等具有非常重要的意义。

根据我国油气管道工程建设需求，中国石油集团石油管工程技术研究院先后承担了多项集团公司应用基础研究与技术开发项目，开展对油气输送焊管残余应力的研究。本书介绍了围绕油气输送焊管的残余应力及其控制进行的研究工作和取得的研究成果，这些成果一方面可用于焊管的残余应力测试分析，另一方面可用于管道设计、焊管技术条件的制定以及焊管生产过程中残余应力的调控等，为解决高钢级管线钢管工程应用中的技术问题提供参考，对确保油气输送焊管质量和管道的安全可靠性具有实际应用价值。

本书由中国石油集团石油管工程技术研究院熊庆人教授级高级工程师、西安石油大学李霄教授、石油管工程技术研究院副院长霍春勇教授级高级工程师、石油管材及装备材料服役行为与结构安全国家重点实验室主任冯耀荣教授编写，参加课题研究和编写工作的主要人员还有石油管工程技术研究院李鹤林院士、马秋荣教授级高级工程师、颜峰高级工程师、罗金恒教授级高级工程师、赵新伟教授级高级工程师、吉玲康教授级高级工程师、张鸿博高级工程师、李记科教授级高级工程师等，西安交通大学朱维斗教授、李年教授、杜百平教授等，西安石油大学石凯教授等，西北大学郑茂盛教授，西北工业大学刘道新教授、北京理工大学徐春广教授等。

本书共分 6 章。第 1 章介绍了残余应力的概念及对产品质量和服役性能的影响，由李霄编写；第2章介绍了焊管的制造工艺及制造过程中的残余应力，由李霄编写；第3章总结了焊管残余应力的测试方法和测试技术，由熊庆人编写；第4章给出了不同管型焊管的残余应力状态，由熊庆人、霍春勇编写；第5章论述了焊管残余应力预测模型及控制指标，由熊庆人、霍春勇编写；第6章介绍了焊管残余应力的影响因素及调控方法，由李霄、熊庆人编写。全书由熊庆人负责统稿，由冯耀荣、霍春勇负责审核。

  本书由中国石油天然气集团公司"十二五"后两年课题"高强度管道服役安全应用基础研究（编号2014B-3313）"、中国石油天然气集团公司科学研究及技术开发项目"高钢级管线钢应用关键技术研究（编号06A40201）"、中国石油天然气集团公司应用基础研究项目"中俄油气长输管线使用国产螺旋缝埋弧焊管的可行性研究（编号98H-2）"、中国石油天然气集团公司99滚动课题"长距离输气管道材质选用研究（编号990703-01）"、中国石油天然气总公司科技项目"油气输送管断裂、疲劳与残余应力的研究（编号970409-04）"部分资助。

  本书在编写过程中得到了许多领导和同事的关心和支持，对本书提出了宝贵的修改意见，同时参考了相关领域专家及学者的著作、文献及研究成果，在此深表谢意！

  由于笔者水平所限，书中难免有疏漏和不当之处，恳请广大读者批评指正。

目 录

第1章 残余应力概论 …………………………………………………… (1)

1.1 残余应力的基本概念 ………………………………………………… (1)
1.1.1 残余应力的定义 …………………………………………… (1)
1.1.2 残余应力的分类 …………………………………………… (3)
1.2 残余应力的形成机理及产生的工艺过程 ………………………… (3)
1.2.1 残余应力的形成机理 ……………………………………… (3)
1.2.2 残余应力产生的工艺过程 ………………………………… (9)
1.3 残余应力对构件的影响 …………………………………………… (12)
1.3.1 残余应力对加工精度及尺寸稳定性的影响 ……………… (12)
1.3.2 残余应力对静载承载能力的影响 ………………………… (13)
1.3.3 残余应力对结构刚度的影响 ……………………………… (16)
1.3.4 残余应力对受压稳定性的影响 …………………………… (17)
1.3.5 残余应力对材料硬度的影响 ……………………………… (19)
1.3.6 残余应力对低应力脆性断裂的影响 ……………………… (20)
1.3.7 残余应力对疲劳强度的影响 ……………………………… (21)
1.3.8 残余应力对腐蚀行为的影响 ……………………………… (24)
1.4 残余应力的调控措施 ……………………………………………… (25)
1.4.1 调整残余应力的方法 ……………………………………… (26)
1.4.2 消除残余应力的方法 ……………………………………… (32)
1.5 残余应力研究现状及展望 ………………………………………… (37)
参考文献 …………………………………………………………………… (38)

第2章 焊管的制造工艺与残余应力 ………………………………… (41)

2.1 油气输送焊管概述 ………………………………………………… (41)

  2.1.1 管线钢 ……………………………………………………（42）
  2.1.2 管线管 ……………………………………………………（44）
  2.1.3 管线钢的焊接性 …………………………………………（46）
 2.2 焊管的主要制造工艺及特点 ……………………………………（48）
  2.2.1 螺旋缝埋弧焊管的制造工艺及特点 ……………………（48）
  2.2.2 直缝埋弧焊管的制造工艺及特点 ………………………（52）
  2.2.3 高频焊管的制造工艺及特点 ……………………………（55）
 2.3 焊管主要制造工艺过程中的残余应力 …………………………（57）
  2.3.1 板卷卷取及校直过程的残余应力 ………………………（58）
  2.3.2 焊管成型产生的残余应力 ………………………………（61）
  2.3.3 焊接产生的残余应力 ……………………………………（69）
 2.4 小结 …………………………………………………………………（72）
 参考文献 ……………………………………………………………………（72）

第3章 焊管残余应力测试方法 ……………………………………（74）

 3.1 残余应力测试方法概述 …………………………………………（74）
  3.1.1 测试方法分类 ……………………………………………（74）
  3.1.2 测试方法标准 ……………………………………………（76）
 3.2 破坏性方法 ………………………………………………………（77）
  3.2.1 切环试验法 ………………………………………………（77）
  3.2.2 机械切割应力释放法（切块法） …………………………（78）
 3.3 半破坏性方法 ……………………………………………………（79）
  3.3.1 盲孔法 ……………………………………………………（79）
  3.3.2 压痕应变法 ………………………………………………（82）
 3.4 非破坏性方法 ……………………………………………………（84）
  3.4.1 X射线衍射法 ……………………………………………（84）
  3.4.2 超声波法 …………………………………………………（88）
  3.4.3 磁测法 ……………………………………………………（94）
  3.4.4 几种非破坏性测试方法的对比 …………………………（98）
 3.5 焊管残余应力测试 ………………………………………………（99）
  3.5.1 焊管残余应力测试适用方法 ……………………………（99）

3.5.2　焊管残余应力测试技术 …………………………………………（99）
　　3.5.3　焊管残余应力测试技术展望 …………………………………（102）
　参考文献 …………………………………………………………………（102）

第4章　不同管型焊管的残余应力 …………………………………………（107）

4.1　螺旋缝埋弧焊管的残余应力 ………………………………………（107）
　　4.1.1　X52 SAWH 焊管 …………………………………………………（107）
　　4.1.2　X60 SAWH 焊管 …………………………………………………（107）
　　4.1.3　X65 SAWH 焊管 …………………………………………………（112）
　　4.1.4　X80 SAWH 焊管 …………………………………………………（115）

4.2　UOE 直缝埋弧焊管的残余应力 ……………………………………（121）
　　4.2.1　X60 UOE 焊管 ……………………………………………………（121）
　　4.2.2　X80 UOE 焊管 ……………………………………………………（122）

4.3　JCOE 直缝埋弧焊管的残余应力 ……………………………………（126）
　　4.3.1　X80 ϕ1219mm×18.4mm JCOE 焊管 ……………………………（126）
　　4.3.2　X80 ϕ1219mm×22.0mm JCOE 焊管 ……………………………（127）

4.4　高频焊管的残余应力 ………………………………………………（129）

4.5　小结 …………………………………………………………………（130）

　参考文献 …………………………………………………………………（131）

第5章　焊管残余应力预测与控制指标 ……………………………………（132）

5.1　不同管型焊管切环试验 ……………………………………………（132）
　　5.1.1　直缝焊管 …………………………………………………………（132）
　　5.1.2　螺旋焊管 …………………………………………………………（136）

5.2　切环试验管段变形形式 ……………………………………………（141）
　　5.2.1　焊管切环试验变形特点 …………………………………………（141）
　　5.2.2　切环试验变形模式 ………………………………………………（143）

5.3　国内外现有焊管残余应力预测模型 ………………………………（148）
　　5.3.1　现有焊管残余应力预测模型 ……………………………………（148）
　　5.3.2　现有预测模型存在的问题 ………………………………………（149）

5.4　焊管切环试验后残余应力应变分析 ………………………………（150）

5.4.1　焊管沿轴向切开后仅有周向张开的情形 ……………………（150）
　　5.4.2　焊管沿轴向切开后仅有轴向错位的情形 ……………………（151）
　　5.4.3　焊管沿轴向切开后仅有径向错位的情形 ……………………（152）
　　5.4.4　焊管沿轴向切开后的综合分析 ………………………………（153）
　5.5　焊管残余应力预测新模型 ……………………………………………（154）
　5.6　切环试验残余应力控制指标 …………………………………………（155）
　　5.6.1　切环试验残余应力控制准则 …………………………………（155）
　　5.6.2　切环试验残余应力控制指标 …………………………………（156）
　　5.6.3　切环试验的管段长度选取 ……………………………………（157）
　5.7　小结 ……………………………………………………………………（157）
　参考文献 ……………………………………………………………………（157）

第6章　焊管残余应力的调控 ………………………………………………（158）

　6.1　焊管残余应力影响因素及调控措施 …………………………………（158）
　　6.1.1　成型方式的影响及选择 ………………………………………（158）
　　6.1.2　成型参数的影响及调整 ………………………………………（159）
　　6.1.3　SAWH焊管成型工艺措施的影响及调整 ……………………（162）
　　6.1.4　焊接工艺的影响及调整 ………………………………………（164）
　　6.1.5　扩径对残余应力的影响 ………………………………………（166）
　　6.1.6　水压试验的影响及压力的选择 ………………………………（167）
　　6.1.7　涂敷保温处理对残余应力的影响 ……………………………（172）
　　6.1.8　其他影响焊管残余应力的因素及调控措施 …………………（174）
　6.2　螺旋缝埋弧焊管成型过程数值模拟 …………………………………（174）
　　6.2.1　螺旋缝埋弧焊管成型过程模型 ………………………………（174）
　　6.2.2　螺旋缝埋弧焊管成型参数优选 ………………………………（175）
　　6.2.3　螺旋缝埋弧焊管成型过程模拟与分析 ………………………（176）
　6.3　小结 ……………………………………………………………………（182）
　参考文献 ……………………………………………………………………（182）

第1章 残余应力概论

残余应力是造成构件失效的重要原因之一。不均匀塑性变形或相变等加工和强化工艺均会引起残余应力,如冷拔、弯曲、切削加工、滚压、喷丸、铸造、锻压、焊接和金属热处理等。残余应力不但可能会影响构件的加工精度、尺寸稳定性、承载能力等,从而影响构件的质量和使用性能,还可能引起裂纹、脆性断裂和疲劳断裂等问题。残余应力也有有益的作用,如一定的残余压应力可提高构件的疲劳强度。明确残余应力形成机理及分布规律,调整、控制及消除残余应力一直是重要结构的关键研究领域,这对提高产品质量,保证产品的服役安全有着非常重要的意义。

1.1 残余应力的基本概念

1.1.1 残余应力的定义

残余应力是指撤除各种外部作用后,如外力或不均匀温度场等,结构内部仍然存在的、且在结构内保持自平衡的应力。如铸造过程中铸件内部的应力为铸造应力,铸造结束后,铸件内部仍然存在的应力为铸造残余应力。而焊接残余应力指的是焊接过程结束后,焊件内部存在的自平衡力系。残余应力是一种内应力,普遍存在于在各类工程结构中。

自平衡意味着在结构内部某些区域受拉应力作用,某些区域受压应力作用,拉压合力为零。如图1.1所示平板对接过程产生的焊接残余应力一般在焊接接头附近的高温区为拉应力,在两侧的低温区为压应力,且在 Y 向应力作用截面 XZ 平面内合力 $\sum F_Y = 0$。

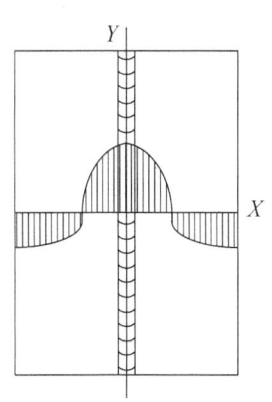

图1.1 平板对接过程产生的焊接残余应力的平衡范围

将含碳量为 0.04% 的钢棒固定在刚性的框架内,如

图 1.2(a)所示。首先加热钢棒，随着温度升高，钢棒产生热膨胀，但是这种膨胀过程受到了框架的约束，完全表现不出来。但是如果解除框架的约束，钢棒会伸长，伸长量为温度变化产生的热胀量。因此，刚性框架的作用相当于使得钢棒产生了同样大小的压缩变形，在钢棒内部形成了压应力，且随着温度升高压应力增大，如图 1.2(b)所示。当温度升高到 250℃时，钢棒受压应力最大；随后压应力随着温度升高逐渐减小。这种现象并不违背热胀冷缩的原理，是由材料的屈服强度随着温度的升高逐渐降低造成的，这一升温过程使钢棒内部产生了大量压缩塑性变形。当温度达到 750℃时，材料的屈服强度降低为 0，所有的热胀变形均为塑性变形，此时若解除框架的约束钢棒的长度不会发生任何变化，长度仍然是原始长度，相当于缩短了一个热胀变形量。在随后的冷却过程中，钢棒的冷缩发生在已经缩短了的钢棒中，因此，钢棒内产生了拉应力，且随着温度降低材料强度逐渐恢复，钢棒内的应力水平逐步提高。经历了一个热循环后，去除外载(热)后，钢棒内产生了 300MPa 的残余拉应力。此时，刚性框架内存在与之平衡的残余压应力。

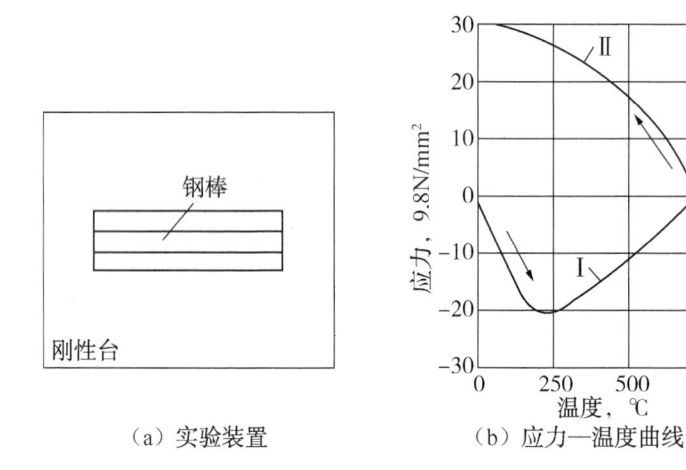

(a) 实验装置　　(b) 应力—温度曲线

图 1.2　钢棒内热应力的变化[1]

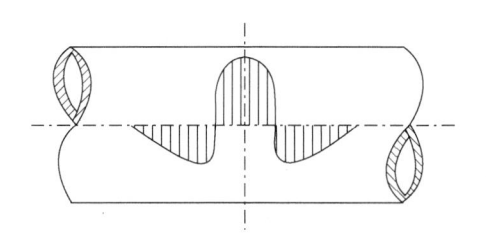

图 1.3　管道对接焊缝纵向残余应力沿轴向的分布

小型结构的残余应力分布范围一般为整个结构，而大型结构的残余应力一般分布在局部。如图 1.3 所示，管道对接焊产生的残余应力仅分布在接头附近，远离接头的位置残余应力为 0。残余应力的幅值与其产生过程、材料性能和结构刚度等因素均有关系。如低碳钢的焊接残余拉应力峰值往往超过其自身的屈服强度,而压应力峰值一般较低,但分布范围大。一般情况下,焊接接头存在这种高值拉应力是造成焊接冷裂纹、结构低应力脆性断裂、应力腐蚀等问题的根源,因此,在工程结构制造中通常采用热处理等手段进行消除。

1.1.2 残余应力的分类

(1) 按内应力的平衡范围可将内应力分为三类[1]:第一类内应力也称为宏观内应力,其平衡范围很大,可在整个结构中平衡;第二类内应力又称为微观内应力,其平衡范围为晶粒尺度;第三类内应力又称为超微观内应力,其平衡范围为晶格尺度。针对一般工程结构所讨论的残余应力是第一类内应力,即宏观内应力。

(2) 按残余应力在构件内部存在的空间可将其分为三类[2]:一维空间应力,即单向或单轴应力,残余应力仅作用在一个方向,如细长杆件内的残余应力为一维应力;二维空间应力,即双向或双轴应力,残余应力作用在两个方向,如薄板内的残余应力一般为二维应力(无厚度方向应力);三维空间应力,即三向或三轴应力,残余应力作用在三个方向,厚板内的残余应力往往是三向应力状态。平板对接过程产生的残余应力包括沿焊缝长度方向的应力、垂直于长度方向的应力及厚度方向的应力,称为纵向应力、横向应力及 Z 向应力。钢管内部的残余应力一般按柱坐标方式分类,即周向应力、轴向应力及径向应力。

(3) 按产生原因分类。很多加工过程都会产生残余应力,如成型过程产生的残余应力称为成型残余应力,铸造过程产生的残余应力称为铸造残余应力,焊接过程产生的残余应力称为焊接残余应力,相变产生的残余应力称为相变残余应力。

1.2 残余应力的形成机理及产生的工艺过程

1.2.1 残余应力的形成机理

(1) 热加工与塑性成型过程残余应力的形成机理。

物体在外界条件(如力、温度)的作用下,其形状及尺寸会发生变化,产生变形。如果这种变形未受到外界的干扰而自由进行,则这种变形称为自由变形;如果变形过程受到外界的阻碍不能全部表现出来,则表现出来的部分称为外观变形，没有表现出来的部分称为内部变形。单位长度上的变形称为变形率或应变。

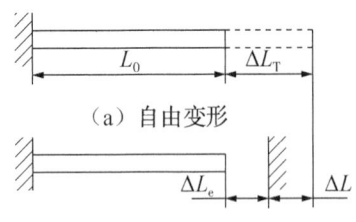

图1.4所示为一根等截面低碳钢杆件[1]，温度为 T_0 时，其长度为 L_0，其左端为刚性固定边界，右端自由。在热量作用下杆件温度升高到 T_1，因热胀冷缩杆件的长度将伸长为 L_1。如图1.4(a)所示，则此时其自由变形量为：

$$\Delta L_T = L_1 - L_0 = \alpha L_0 (T_1 - T_0) \quad (1.1)$$

式中 α——杆件的线胀系数(低碳钢的线胀系数为 $12 \times 10^{-6}°C^{-1}$)，$°C^{-1}$。

（a）自由变形
（b）外观变形及内部变形

图1.4 杆件的受热变形

此时，杆件的自由应变为：

$$\varepsilon_T = \Delta L_T / L_0 = \alpha (T_1 - T_0) \quad (1.2)$$

当杆件的变形受到右端的阻碍不能自由变形时，如图1.4(b)所示，外观变形为 ΔL_e，杆件的外观应变为：

$$\varepsilon_e = \Delta L_e / L_0 \quad (1.3)$$

由图1.4(b)可见内部变形 ΔL 为压缩变形，可表示为：

$$\Delta L = -(\Delta L_T - \Delta L_e) = \Delta L_e - \Delta L_T \quad (1.4)$$

内部应变为：

$$\varepsilon = \frac{\Delta L}{L_0} = \frac{\Delta L_e - \Delta L_T}{L_0} = \varepsilon_e - \varepsilon_T \quad (1.5)$$

内部应变是产生内部应力的根本原因。若此时内部应变小于材料的屈服极限，内部应变与内部应力之间的关系满足胡克定律，因此，杆件内部的应力为：

$$\sigma = E\varepsilon = E(\varepsilon_e - \varepsilon_T) \quad (1.6)$$

卸载过程是温度逐渐降低的过程，热胀变形将慢慢随着冷缩效应消失。杆件的自由应变 ε_T 逐渐减小，内部应力 σ 也随之减小。当温度恢复为时 T_0，杆件长度恢复为原始长度，自由应变、外观应变、内部应变及内部应力均为0，不存在残余应力。

取初始温度为0℃，当式(1.5)中的内部应变等于材料的屈服应变时，加热峰值温度为 T_s。根据低碳钢的线胀系数($12 \times 10^{-6}°C^{-1}$)、弹性模量($2 \times 10^5 MPa$)、屈服强度(240MPa)，可知 T_s 为：

$$T_s = \frac{240}{2 \times 10^5 \times 12 \times 10^{-6}} = 100°C \quad (1.7)$$

从以上分析可知，若杆件为刚性拘束，自由变形为0，外界的作用全部表现为内部变形。这种条件下，低碳钢杆件加热到100℃即可使其达到屈服。

图1.4中的杆件由于存在部分自由变形，因此，达到屈服所需要的加热温度高于 T_s。当加热温度足够高，杆件内部应变 ε 超过材料的屈服极限，屈服后杆件内的应力与应变关系与材料的强化模式有关。按图1.5所示的理想弹塑性模型，此时杆件内应力为 σ_s，塑性应变大于屈服极限，其中一部分为弹性压缩应变 $\varepsilon_E = \varepsilon_s$，其他为塑性压缩应变 ε_P，有：

$$\varepsilon_P = \varepsilon - \varepsilon_E = \varepsilon - \varepsilon_s \tag{1.8}$$

压缩塑性变形是不能恢复的，因此，相当于杆件缩短了 $\varepsilon_P L_0$。ε_P 的大小与加热温度、材料的线胀系数、屈服强度和导热系数等有关，然而材料的屈服强度随着温度的变化而变化，如图1.6所示，低温区强度变化不大，在500~600℃之间强度急速下降，超过600℃（T_P，又称力学熔化温度）后材料强度降为0。因此，准确分析塑性压缩变形的大小是一个复杂问题。但可以确定的是，材料的线胀系数越高、加热温度越高、高温强度越低，塑性压缩变形越大。常用工程材料的热物理性能见表1.1。

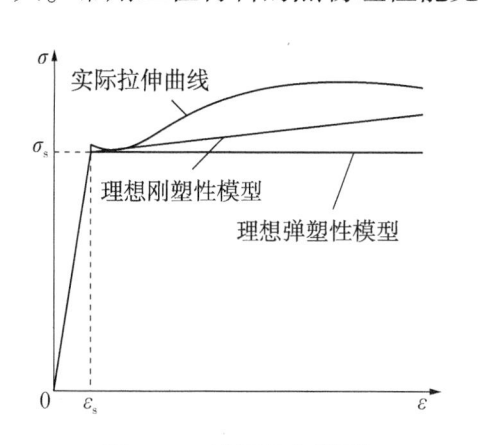

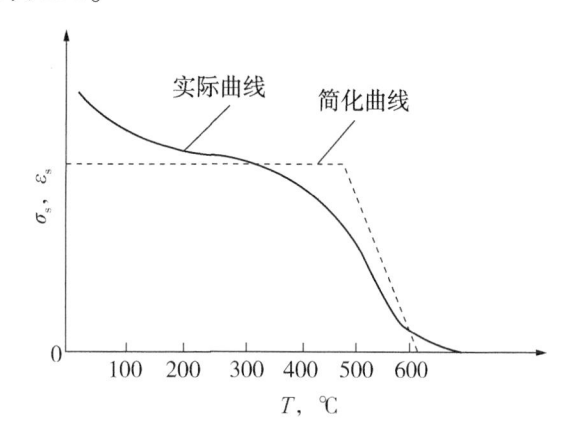

图1.5 材料强化模型　　图1.6 低碳钢的屈服强度与温度的关系[2]

表1.1 常用材料的热物理性能[2]

材料	线胀系数 $10^{-6}℃^{-1}$	热导率 $W/(m·℃)$	比热容 $10^{-3}J/(mm^3·℃)$	备注
低碳钢及低合金钢	12~16	0.038~0.042	4.9~5.2	0~600℃
Cr-Ni 奥氏体不锈钢	16~20	0.025~0.033	4.4~4.8	0~600℃
铝合金	23~27	0.27	2.7	0~300℃
钛合金	8.5	0.017	2.8	0~700℃

加热过程结束后，杆件的温度逐渐降低，杆件内应力水平逐渐降低，当冷缩应变达到屈服极限时，杆件内应力为0。随着温度的进一步降低，杆件会继续缩短，杆件内没有应力存在。温度恢复回原始温度时，杆件比原始长度缩短了$\varepsilon_\mathrm{p}L_0$。

以上杆件的变形过程仅受到了左端边界的影响，且收缩过程可以自由进行。但当受到不均匀加热时，板件内各个部分的变形不是自由的，而是存在相互的制约。如图1.7(a)所示，中心区域B加热与冷却所产生的伸长与缩短都会受到周围材料的制约。根据平面假设，变形前在一个平面内的点，变形后仍然在一个平面内。

图1.7(a)中的平板可以分割为A、B和C三个部分，三个部分相互割裂，下端为固定边界，上端通过一个刚性体连接在一起。刚性体的作用模拟了A、B和C三个部分之间的相互约束作用。因此，可简化为图1.7(b)所示杆件结构[3]。三个杆件材质相同，弹性模量为E；尺寸相同，截面积为A、长度为L；一端刚性固定，另一端由一个刚性体将三者连接在一起。

第1种情况下，外载荷(力、热等)的作用使三个杆件发生等量的弹性伸长ΔL，如图1.7(c)所示，此时

$$\varepsilon_\mathrm{A} = \varepsilon_\mathrm{B} = \varepsilon_\mathrm{C} = \frac{\Delta L}{L} \leqslant \varepsilon_\mathrm{s} \tag{1.9}$$

式中　ε_A，ε_B，ε_C——杆件A、B和C的内部应变；

ε_s——杆件的屈服应变。

三个杆件的变形相等，不存在相互制约，因此，杆件内不存在内应力。当外载荷去除以后杆件恢复原始长度L，杆件内均无残余应力。

第2种情况下，外载荷(力、热等)的作用使其中一个杆件，如杆件B发生弹性伸长变形ΔL_B，杆件A和C发生弹性伸长变形ΔL_A，如图1.7(d)所示，两者自由变形量不相等。由于三根杆件之间的约束作用，其变形量必须相互协调，最终达到宏观上变形一致，如图1.7(e)所示。此时，杆件A和C相当于被约束作用拉长了ΔL_Ai，而杆件B被约束作用压缩了ΔL_Bi。由此产生如式(1.10)和式(1.11)所示的内部应变，是产生内部应力的根本原因。

$$\varepsilon_\mathrm{A} = \varepsilon_\mathrm{C} = \frac{\Delta L_\mathrm{Ai}}{L} \leqslant \varepsilon_\mathrm{s} \tag{1.10}$$

$$\varepsilon_\mathrm{B} = \frac{-\Delta L_\mathrm{Bi}}{L} \leqslant \varepsilon_\mathrm{s} \tag{1.11}$$

内应力为自平衡力系,因此,杆件内部的应变满足式(1.12):
$$\sum Y = 2E\varepsilon_A A + E\varepsilon_B A = 0 \tag{1.12}$$

若可以确定此时杆件的内部应变仍然为弹性变形,则当外载荷消失后,内部应变随之消失,杆件系统内部不存在残余应力。

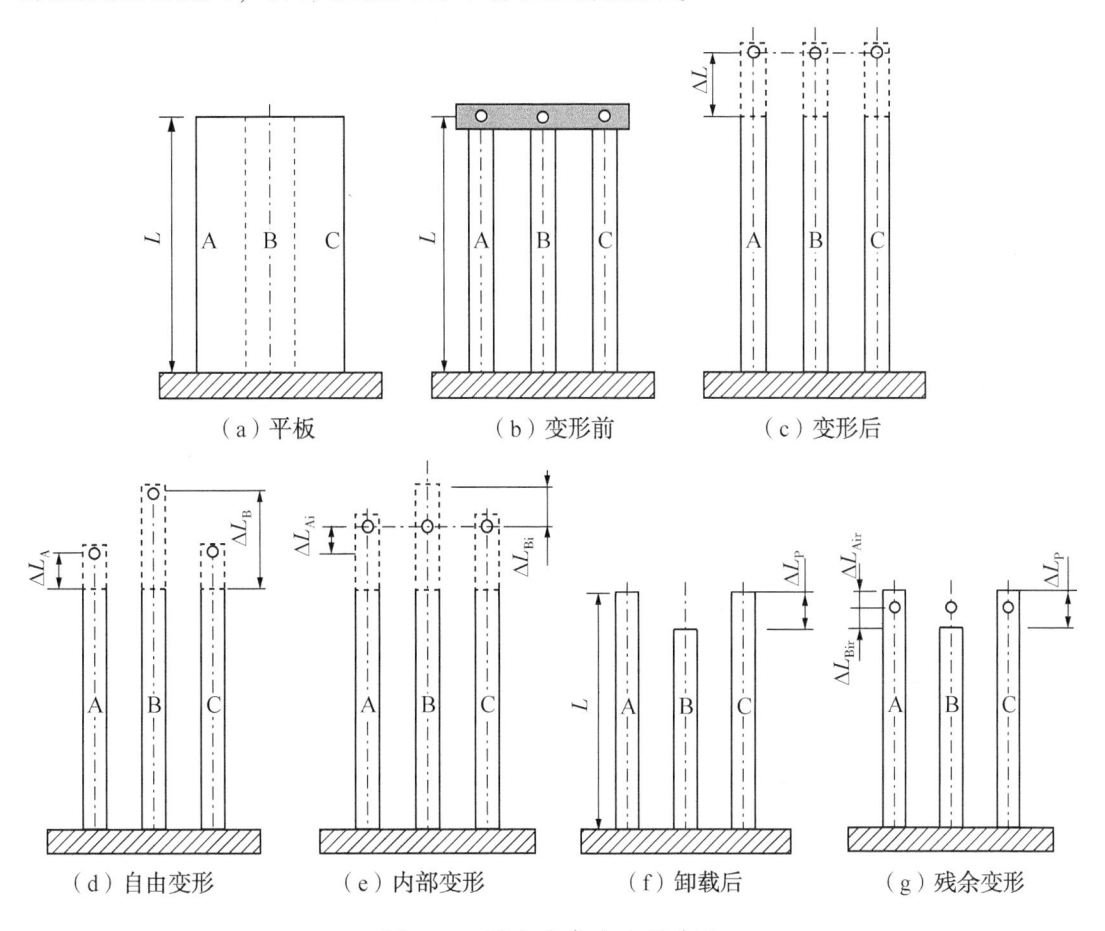

(a) 平板　　(b) 变形前　　(c) 变形后

(d) 自由变形　　(e) 内部变形　　(f) 卸载后　　(g) 残余变形

图 1.7　板内残余应力的产生

第 3 种情况下,如图 1.7(d)所示,外载荷(力、热等)的作用使杆件 B 预发生伸长变形 ΔL_B,三个杆件平衡后杆件 A 和 C 内部发生弹性变形 ΔL_{Ai},如图 1.7(e)所示,内部应变见式(1.10)。杆件 B 发生的压缩变形中,一部分为弹性变形 ΔL_E、另一部分为塑性变形 ΔL_P,变形及应变为:

$$\Delta L_B = \Delta L_E + \Delta L_P \tag{1.13}$$
$$\varepsilon_B = \varepsilon_s + \varepsilon_P \tag{1.14}$$

式中　ε_P——塑性应变。

此时,内应力仍然满足自平衡力系的要求,即 $\sum Y = 0$。内应力与材料的强化模式有关,若假设材料为理想的弹塑性材料,则:

$$\sum Y = 2E\varepsilon_A A - \varepsilon_s A = 0 \qquad (1.15)$$

卸载过程中，只有弹性变形可以恢复，而塑性变形不能恢复。故杆件 A 和 C 恢复原始长度 L，而杆件 B 因发生了压缩塑性变形 ΔL_P，其长度要缩短 ΔL_P，如图 1.7(f)所示。这时，同样会由于杆件之间的协调作用，杆件 B 伸长 ΔL_{Bir}，杆件 A 和 C 被压缩 ΔL_{Air}，且

$$\Delta L_P = \Delta L_{Bir} + \Delta L_{Air} \qquad (1.16)$$

式中，ΔL_{Air} 和 ΔL_{Bir} 为杆件的残余变形，相应的残余应变为 ε_{Ar} 和 ε_{Br}。若残余应变在弹性范围内，则残余应力应满足变形协调性的要求，即

$$\sum Y = 2E\varepsilon_{Ar} A + E\varepsilon_{Br} A = 0 \qquad (1.17)$$

由式(1.16)可见，加载过程造成的塑性变形 ΔL_P 越大，残余变形 ΔL_{Air} 和 ΔL_{Bir} 越大，残余应变 ε_{Ar} 和 ε_{Br} 越大，残余应力 σ_{Ar} 和 σ_{Br} 越大。当 ΔL_P 足够大时，残余应力 σ_{Br} 会超过材料的屈服极限。

第 4 种情况下，外载荷(力、热等)的作用使得杆件 A、B 和 C 均发生拉伸塑性变形 ΔL_P，且塑性变形量相同。与第一种情况相似，由于杆件之间不存在相互约束，杆件内没有内部应变。卸载时，杆件在同时伸长 ΔL_P 的基础上进行弹性收缩，收缩量为弹性变形极限。在这个过程中，由于杆件之间的变形相同，杆件内仍然没有内部应变，所以也不会产生残余应力。

第 5 种情况下，外载荷(力、热等)的作用使得杆件 A、B 和 C 均发生拉伸塑性变形，但塑性变形量不同。卸载时，杆件的长度不同，由于相互之间的协调作用，必然导致杆件内产生残余应变及残余应力，分析过程如前文所述。

(2) 切削加工残余应力的形成机理。

切削过程中残余应力的产生与机械应力及热应力造成的塑性变形都有关系，是一个热力耦合过程。

在金属的切削过程中，被加工材料受到刀具前刀面的推挤而沿剪切面剪切滑移形成切屑。在这个过程中，切削层金属会发生一系列的变形，同时产生大量的热。通常把金属切削的变形过程分为三个变形区来研究[4]，如图 1.8(a)所示。

第一变形区位于刀尖与工件接触的前端。随着刀具和工件的相对运动，当切削层的加工应力达到材料的屈服强度之后开始产生滑移，直到切削层与前刀面基本平行后停止滑移，退出第一变形区。由于第一变形区内存在大的剪切变形和摩擦，因此会产生大量的热。在第一变形区内形成的切屑会随着刀具的移动沿着前刀面的方向流动。流动过程中，切屑底层和前刀面会发生进一步的摩

擦和挤压，这个过程伴随着塑性变形的产生和热量的释放，这就形成了第二变形区。由于刀尖钝角的存在，在第一变形区中切削层金属并没有被完全切除而会留下薄薄一层未被去除的金属。当刀具和工件相对运动时，这一薄层金属会受到挤压并通过切削刃钝角和后刀面。在这个过程中表层金属会发生塑性变形并产生热量，而基体则产生弹性变形，这就是金属切削过程的第三变形区[5]。

刀具切削工件材料过程中，刀尖前方的三角形区域会随着刀具的运动而产生沿着切削方向的压缩塑性变形和垂直于切削表面的拉伸塑性变形(塑性凸出效应)[6]，如图1.8(b)所示。

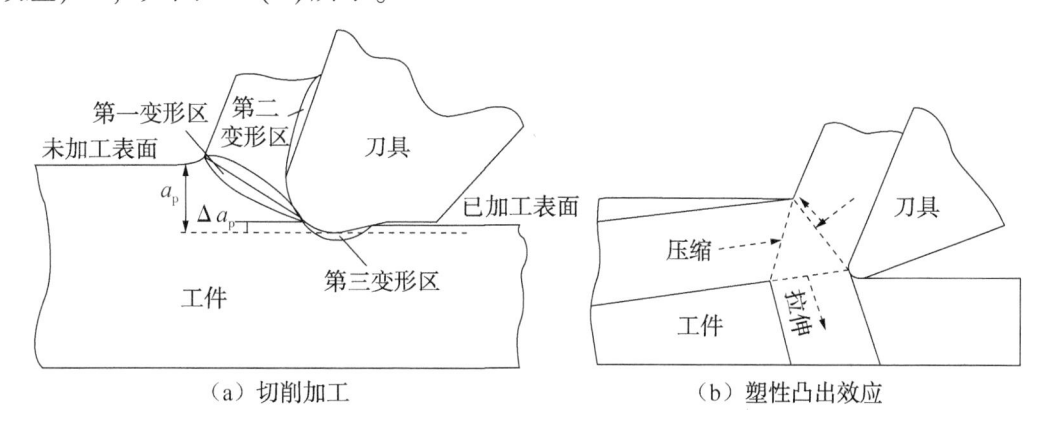

图1.8 切削加工与残余应力[4,6]

金属切削加工过程中的三个变形区由于摩擦和塑性变形的存在都会产生大量的热。这些热量很难及时散发出去，从而导致工件材料表面受热膨胀。表面的膨胀行为会受到基体的束缚而最终产生压缩塑性变形，当工件完成加工逐渐冷却到室温后，产生压缩塑性变形的表层会在工件表面形成拉伸残余应力[5]。若切削产生的热过程引起相变则还需考虑相变应力的作用。

综上所述，各种工况下产生残余应变及残余应力的根本原因是加载过程中发生了不均匀的塑性变形，由于该变形不均匀，必然造成构件内部不同部分之间的变形协调，从而产生了残余变形及残余应力。均匀的弹性变形、不均匀的弹性变形、均匀的塑性变形都不会导致残余应变及残余应力的产生。构件加载过程中曾发生过压缩塑性变形的位置卸载后会存在残余拉应力，发生过拉伸塑性变形的位置会存在残余压应力。

1.2.2 残余应力产生的工艺过程

很多加工过程都有可能产生不均匀的塑性变形，如剪切、弯曲、冲压、锻造和切削等过程中，在机械载荷的作用下，构件内部产生不均匀的塑性变形。

如图1.9所示的汽车面板,在冲压过程中,材料在模具的作用下发生不同方向、不同程度的流动,从而形成凹凸不平、形态各异的形状。

图1.9 汽车面板成型

在切割、焊接、局部热处理和热成型等工艺过程中,会在特定位置进行加热,如图1.10(a)所示的对接焊缝部位加热、图1.10(b)所示的开孔部位切割。由于材料的热胀冷缩作用,受热部位及其附近的高温区将产生塑性压缩,而且由于加热温度很高,塑性压缩量较大,构件内部会产生高值残余应力或明显焊接变形。在同样的工艺参数下,如果通过工装限制焊接变形,则焊接接头处的残余应力水平会比较高;而如果焊接残余变形较大,则残余应力相对较低。

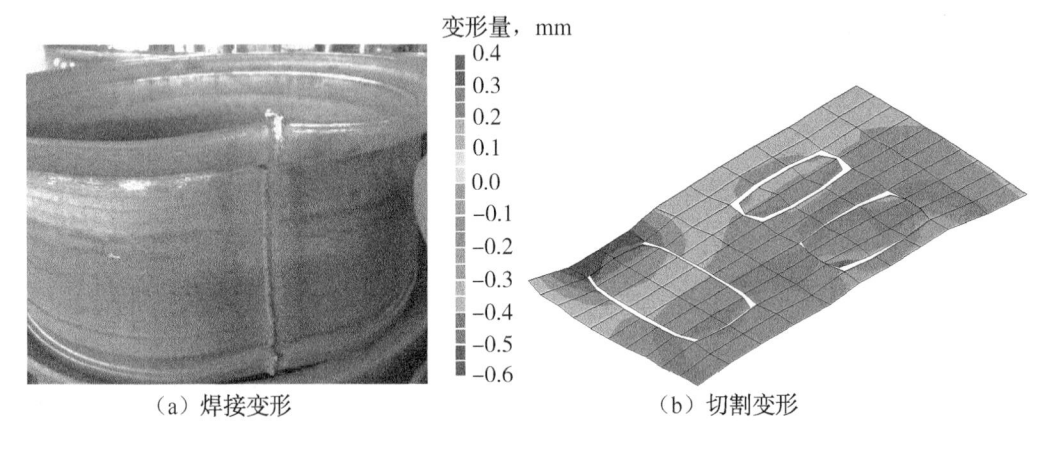

(a)焊接变形　　　　　　　　(b)切割变形

图1.10 焊接与切割造成的变形

在局部加热过程中,当峰值温度超过材料的相变温度时,会发生不均匀相变。相变意味着晶格结构的变化,而不同晶格结构的比容不同,如铁素体和马氏体为体心立方晶格,奥氏体为面心立方晶格,奥氏体的比容小于铁素体和马氏体。在冷却过程中,当高温组织奥氏体转变为铁素体或马氏体时,比容增大,体积膨胀。若相变温度高于金属的塑性温度 T_p(材料屈服强度为0时的温度），材料处于完全塑性状态，体积变化不影响残余应力。图1.11(a)所示的母材为高强钢，塑性变形区b_s内发生压缩塑性变形，造成的热应力为中心受拉两侧受压。焊缝金属奥氏体冷却时不发生相变，但焊缝两侧b_m内的热影响区要发生导致膨胀的相变，因此，相变应力σ_{mx}在该区为压应力。残余应力为相变应力σ_{mx}与热应力σ_x之和，故出现了拉压的多次交替，焊缝的拉应力水平比纯热应变产生的残余应力要高。图1.11(b)中焊缝与母材成分相近，b_m内金属与焊缝均发生相变，热应力与相变应力叠加后，焊缝应力状态由一般的拉应力转变为压应力。如P92的固态马氏体相变引起的体积变化和屈服强度变化对焊接残余应力的形成有明显的影响，不仅可以改变残余应力值的大小，还可以改变应力的符号[7]。

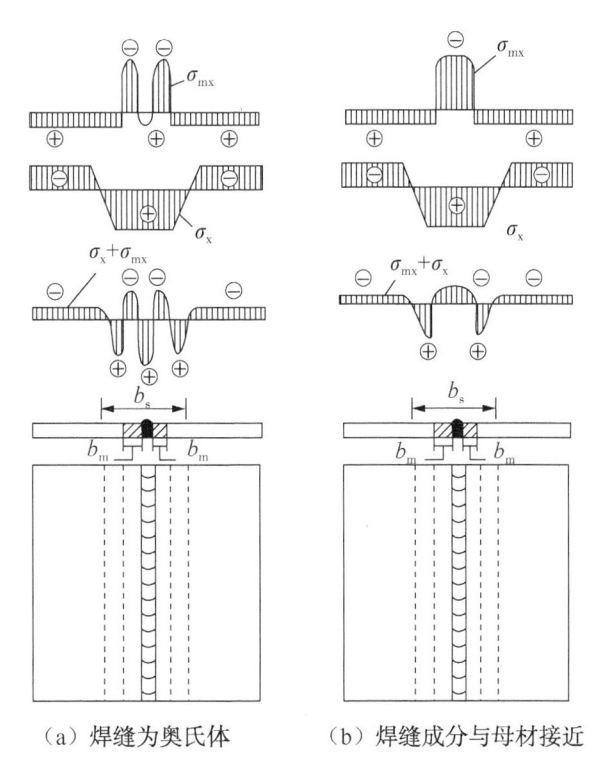

（a）焊缝为奥氏体　　　　（b）焊缝成分与母材接近

图1.11　高强钢焊接相变应力对纵向残余应力的影响[1]

不均匀化学反应可能出现在表面化学热处理及其他热处理过程中，由于析出相的形成，母相的晶格结构会受到影响，从而导致不均匀塑性变形的出现。如钢的氮化处理表面形成氮化物层，它的比容高于钢基体的比容，为了保持完整性，氮化表面层内形成了较高的残余压应力，基体内形成了残余拉应力。热障涂层在高温环境中存在析出大量氧化物的可能，如图1.12所示，该氧化物的出现是导致热障涂层开裂的重要原因[8]。

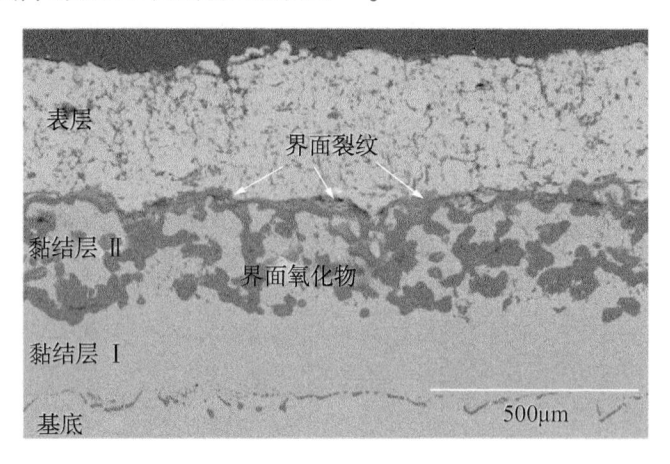

图 1.12 热障涂层内的氧化物析出与裂纹[8]

1.3 残余应力对构件的影响

残余应力的存在对构件的影响是多方面的，且作用机理也不尽相同。另外，残余应力对构件的影响也不全都是负面的。

1.3.1 残余应力对加工精度及尺寸稳定性的影响

复杂焊接件在焊后要进行机加工，随着材料的去除，原来构件内部平衡的残余应力的平衡受到破坏，应力会释放一部分。剩余的内应力将在剩余的材料中重新平衡，这一过程必然引起工件的变形，并影响加工精度。图 1.13 所示为焊接 T 形梁，其立板的一部分需要进行机加工。焊后的残余应力分布如图 1.13 中曲线所示，在焊接接头附近为拉应力，在立板的端部为平衡焊接接头部位的拉应力也形成了拉应力。加工过程将去除立板边缘受拉部分材料，这样剩余的残余应力显然是不平衡的。但是加压板在加工过程中固定了焊接接头部位，使得变形无法充分释放。故当加工完毕去除加压板后，构件内的应力会再次平衡。每一次的内应力平衡过程都会导致残余变形的释放，从而影响加工完毕后构件的尺寸精度。此外，补焊过程所产生的变形也是不容忽视的，特别是工作状态需要精密配合的构件，若在配合部位产生的尺寸变化超过了装配要求，有可能造成无法安装，即使强行安装后也会造成结构失效，如密封失效、无法运动等。在精密机加工前最好通过热处理等方式去除构件内的残余应力，然后再进行机加工。但有一些构件无法进行整体消除应力处理，而且残余应力也很难完全去除，因此，在机加工过程中，总的加工量要分多次完成，每一个加工量完成后卸开加压板,让工件内的残余应力充分平衡,让残余变形充分释放,然后再进行下一个加工量的加工。加工量依次减小,即可保证工件最终的加工精度。

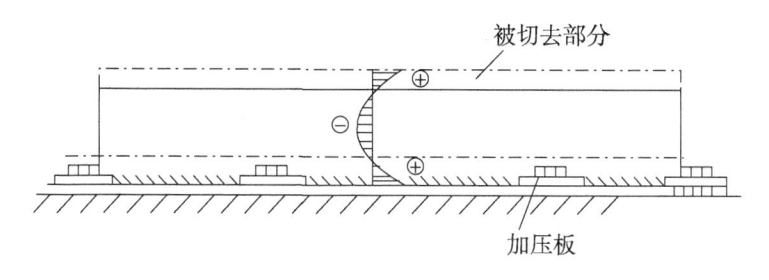

图 1.13　T 形焊件切割

在连续加工过程中,先加工部分的尺寸精度会受到后续加工过程的影响。如图 1.10(b)所示的热切割过程,即使原来的板件内没有残余应力,但是切割第一个孔的过程将在板件内产生残余应力,随后切割第二个、第三个孔时去除材料的过程将破坏其应力状态,同时新产生的残余应力也会使残余应力在板件内重新分布。因此,第一个孔的尺寸必然会受到影响。

焊件在长期存放或工作过程中产生的尺寸变化称为尺寸稳定性。这一点对于焊接的机床床身、大型量具框架非常重要。造成尺寸不稳定的因素包括两个方面:(1)蠕变与应力松弛。低碳钢焊接件在室温下存放两个月,残余应力水平会降低 2.5%~3%,这种变化就是由于蠕变与应力松弛造成的。一般温度越高,蠕变作用越强,应力松弛的比例越高。如低碳钢焊接件在 100℃存放 2 个月,应力下降幅度将达到室温时的 5 倍。此外,原始残余应力的水平越高,应力下降幅度越大。(2)组织不稳定。如 30CrMnSi 和 12Cr5Mo 等高强钢焊后会有一部分残余奥氏体存在,这是一种不稳定组织,在室温下会转变为马氏体,由此造成体积膨胀,产生相变应力,同时尺寸的稳定性受到影响。又如中碳钢和 40Cr13 等钢材在焊接后会产生淬火马氏体,在室温或更高温度下,淬火马氏体逐渐转变为回火马氏体,导致体积收缩,尺寸稳定性也受到影响。这时只能通过热处理使组织稳定,然后再进行机加工[9]。

1.3.2　残余应力对静载承载能力的影响

按照力学原理,构件内的残余应力与其工作应力是可以叠加的。如焊接接头部位的残余应力往往为接近屈服强度的高值拉应力,若其工作应力也是拉应力,两者的叠加方法取决于材料的强化模型。图 1.5 中理想弹塑性模型是一般塑性良好的材料常采用的处理方法，即材料屈服后不能承担外载荷，但因塑性良好，随着加载的进行，该部分材料继续发生塑性变形。

一板件内部不存在应力集中，远端承受均布载荷 σ 的作用，构件能够承受的载荷 F 的大小即构件的强度。若材料为塑性材料，宽度为 B、厚度为 δ，则屈服强度 σ_s 对应的载荷 $F = \sigma_s B\delta$ 为板件内不存在残余应力时的强度；若板件为脆性材料，则材料的抗拉强度 σ_b 对应的载荷 $F = \sigma_b B\delta$ 为板件内不存在残余应力时的强度。

图 1.14(a) 所示为塑性材料的板件，ab 截面中心部位的残余应力为高值拉应力(σ_s)，两侧为低值压应力，为平衡力系，即：

$$\int \sigma_r \mathrm{d}x = 0 \tag{1.18}$$

材料为理想弹塑性材料，当外载荷加载时，如图 1.14(b) 所示，工作应力 σ_1 与残余应力 σ_r($cdefgh$ 线)叠加。合应力超过屈服强度的部分(ef)无承担外载荷的能力，而是由两侧仍然处于弹性部分(cd 及 gh)的材料承担所有载荷。因此，随着载荷的逐渐增大，板件中心的屈服区增大，压应力区减小，压应力幅值降低，板件的伸长量增大。由于残余应力为平衡力系，此时外载荷及 ab 截面内的内力为：

$$F = \sigma_1 B\delta = \int(\sigma_1 + \sigma_r)\mathrm{d}x = \int \sigma_1 \mathrm{d}x + \int \sigma_r \mathrm{d}x = \int \sigma_1 \mathrm{d}x \tag{1.19}$$

可见，外载荷的大小与残余应力无关。此时板件并未完全屈服，可继续加载直至板至完全屈服，如图 1.14(c) 所示。这时 $F = \sigma_s B\delta$，与无残余应力时的强度相同。因此，若材料的塑性足够好，其内部的残余应力不会影响构件的静载承载强度。

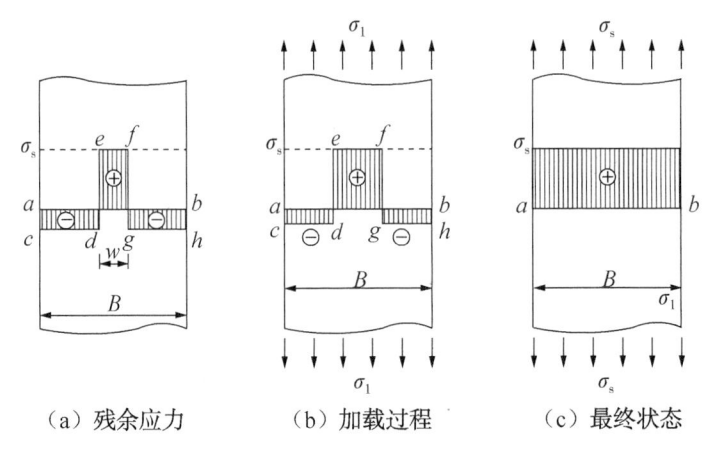

(a) 残余应力　　(b) 加载过程　　(c) 最终状态

图 1.14　塑性材料残余应力与外载荷的叠加

当板件的材料为脆性材料时，如图 1.15 所示，板面内仍然有如图 1.14 (a) 所示的残余应力，此时中心的残余应力水平低于材料本身的抗拉强度。工作应力 σ_1 由 ab 截面内所有材料共同承担，因此，cd 及 gh 范围内压应力水平降低，ef 范围内拉应力水平提高。当工作应力水平达到 σ_2 时，中心的拉应力达到材料的抗拉强度，并在该位置开裂，构件失去承载能力。此时，只有中心区域的应力水平达到了抗拉强度，其他区域的应力水平远低于抗拉强度，因此，整个板件内的外载荷 $F=\sigma_2 B\delta<\sigma_b B\delta$。所以，残余应力的存在降低了脆性材料板件的静载强度。

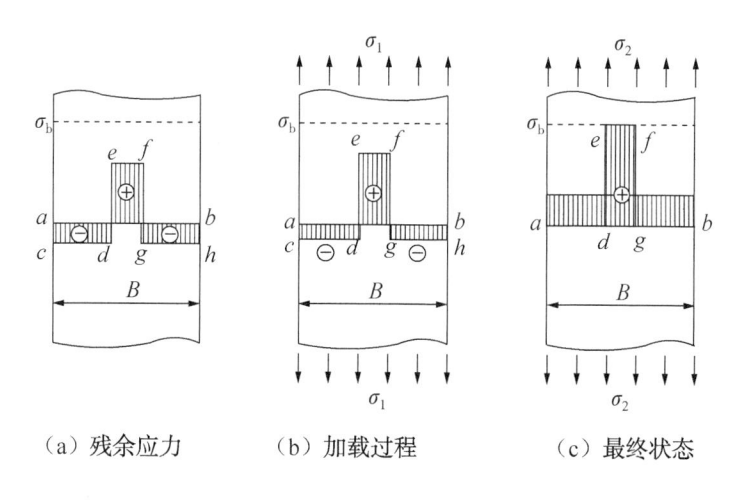

(a) 残余应力　　(b) 加载过程　　(c) 最终状态

图 1.15　脆性材料残余应力与外载荷的叠加

材料的塑性取决于材料的成分、组织状态、环境温度和加载速度，同时与应力状态亦直接相关。众所周知，塑性变形是在切应力作用下产生的。当应力状态为单轴应力时，如图 1.16(a) 所示，σ 作用下促使变形发生的切应力为 $\tau_{max}=\sigma/2$。在三轴应力作用下 $\tau_{max}=0$，这意味着即使是原来塑性很好的材料也不可能发生任何方向的流动，即塑性为 0。

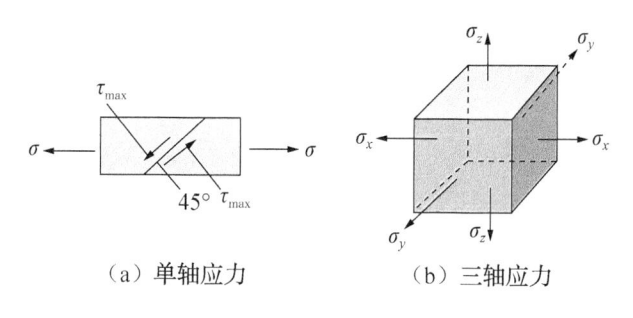

(a) 单轴应力　　(b) 三轴应力

图 1.16　材料的应力状态[1]

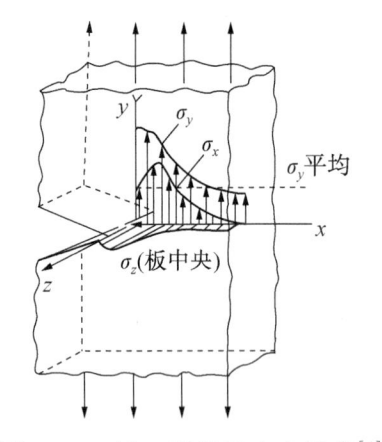

图 1.17 缺口根部的应力状态[1]

实验结果表明,单轴应力状态下塑性良好的材料在三轴应力状态下表现出了脆性。工作载荷可以产生三轴拉应力,结构的几何不连续性也可引起三轴应力状态。如图 1.17 所示,结构虽然受到单轴外载荷作用,但由于缺口的存在,不仅出现了明显的应力集中,还在缺口尖端形成了三向拉应力状态。许多低碳钢、低合金钢焊接结构发生的低应力脆断事故,就是由焊接接头的应力集中及缺陷引起的。

1.3.3 残余应力对结构刚度的影响

板件在载荷 F 作用下的变形及结构刚度可以表示为:

$$\Delta L = \frac{FL}{AE} = \frac{FL}{B\delta E} \tag{1.20}$$

$$\tan\alpha = \frac{F}{\Delta L} = \frac{EA}{L} \tag{1.21}$$

式中　F——外载荷,N;
　　　L——板件长度,m;
　　　E——弹性模量,Pa;
　　　A——板件的截面积,m²;
　　　B——板件宽度,m;
　　　δ——板件厚度,m。

若板件内存在如图 1.14(a)所示的残余应力,则外力作用使板件产生的变形为:

$$\Delta L_r = \frac{FL}{(B-w)\delta E} \tag{1.22}$$

与式(1.20)比较可知,此时的变形量大于无残余应力时的变形量,因此,结构的刚度减小。

在这个过程中已经屈服的区域发生了塑性变形,以适应外载荷的作用。卸载时,整个板件都卸载,发生的变形量相当于一个反方向的 F 作用在整个截面上,即卸载的变形量为式(1.20)所示,小于加载变形量。因此,一个加载—卸载过程会在结构中产生残余变形。实际工程中,无论采取机械方法,还是加热方法消除残余应力、矫正焊接变形,均有可能在施工后回弹不足,而产生明显的残余变形。

1.3.4 残余应力对受压稳定性的影响

(1)受压杆件的稳定性。

由材料力学的基本原理可知,受压杆件在弹性范围内的临界失稳载荷为:

$$\sigma_{cr} = \frac{\pi^2 EI}{l^2 A} = \frac{\pi^2 E}{\lambda} \tag{1.23}$$

其中

$$\lambda = l/r$$

$$r = \sqrt{I/A}$$

式中 E——弹性模量,MPa;

l——杆件的长度,mm;

I——杆件的截面惯性矩,mm^4;

A——杆件的截面积,mm^2;

λ——杆件的长细比;

r——截面的惯性半径,mm。

可见,临界失稳载荷 σ_{cr} 与长细比成反比,其中有效承载面积的惯性矩影响比较大。

图 1.18 为焊接的工字形杆件,焊接过程产生的残余应力如图 1.18(a)所示,翼板两端及腹板中心部分均为压应力;翼板中心及腹板两端部分均为拉应力,且已达到屈服强度。这说明杆件整个截面内均有继续承受载荷的能力,且最先丧失承载能力的部分为翼板两端及腹板中心部分。残余应力叠加工作应力 σ_p 后的应力分布如图 1.18(b)所示。

(a)焊接残余应力分布　　　　　　　(b)叠加工作应力后

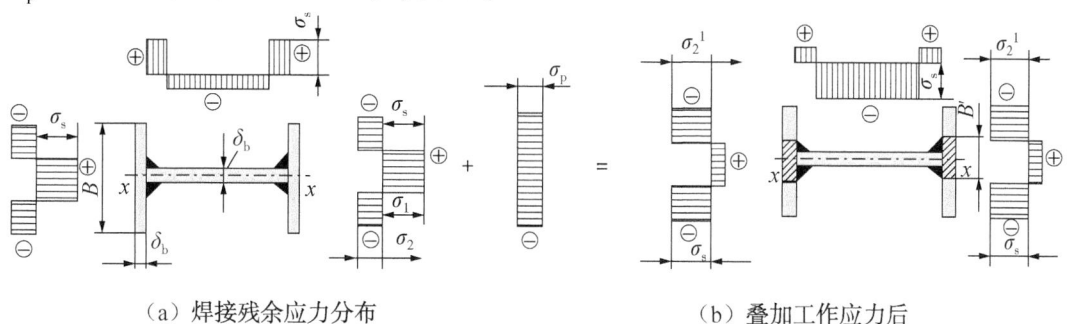

图 1.18 压应力作用下焊接工字形杆件的应力分布

当杆件长细比较大($\lambda>150$)时,临界失稳应力较低,在杆件内的合应力远未达到屈服极限时杆件就会发生失稳,此时残余应力作为一个平衡力系,不影响杆件的稳定性;当长细比较小($\lambda<30$)时,临界失稳应力取决于杆件的全面屈服,因此,残余应力也不影响杆件的稳定性;当长细比介于上述两者之间时,残余应力的作用可能会造成局部失去承载能力,因此,残余应力的存在会改变杆件的稳定性。

图 1.18 中杆件初始的有效承载面积为:

$$A = 2B\delta_b + h\delta_h \tag{1.24}$$

有效承载面积对 x—x 轴的惯性矩(忽略腹板的作用)为:

$$I_x = \frac{2B^3\delta_b}{12} \tag{1.25}$$

杆件受压后的有效承载面积为:

$$A_e = 2B_e\delta_b + h_e\delta_h \tag{1.26}$$

其中,B_e 和 h_e 分别为立板、横板受压时有效承载宽度,有效承载面积对 x—x 轴的惯性矩(忽略腹板的作用)为:

$$I_{xe} = \frac{2B_e^3\delta_b}{12} \tag{1.27}$$

由于 $B>B_e$,则 $A>A_e$,而 $I_x \gg I_{xe}$,因此 $\lambda<\lambda_e$,$\sigma_{cr}>\sigma_{cre}$。即,残余应力使得杆件更容易发生失稳。

通过以上分析可以确定,使长细比减小的因素均可提高受压杆件的稳定性,如缩短杆件的长度、增大惯性半径等。一般情况下构件的长度尺寸不容易改动,增大惯性半径的最有效方法是增大有效承载面积及其与惯性轴的距离。如针对图 1.18 中的杆件,若能够通过热加工方式(图 1.19)在翼板两端形成拉应力区,则不仅可以使有效承载面积增大,还可远离中性轴。这样处理后,杆件的临界应力可提高 20%~30%,与经过高温回火处理的杆件相当。

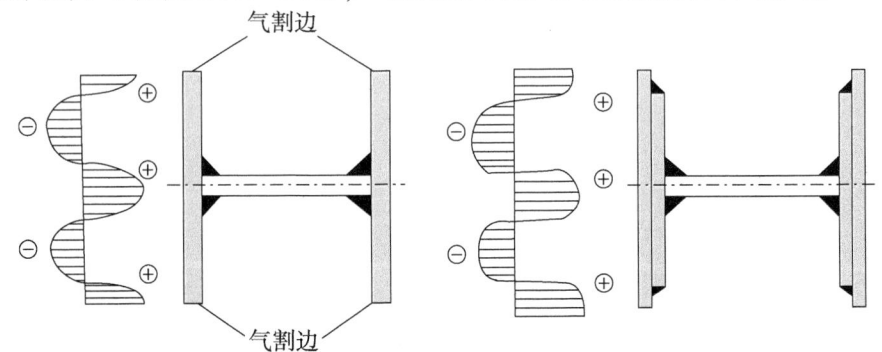

图 1.19 通过热加工调整焊接工字型杆件的应力分布

（2）薄板结构的稳定性。

薄板结构容易在压应力作用下发生失稳，产生波浪变形。如图1.20所示，边框与薄板的焊接过程在中心部位形成压应力，板面失稳后形成了波浪变形。通过降低焊接热输入[1]、改善焊接工艺，如连续焊改为多段焊等，可以降低残余应力水平，从而降低发生波浪变形的可能性。同时，提高结构的变形抗力，如增加板厚、缩短框架宽度、增加支撑等，也可以控制波浪变形。

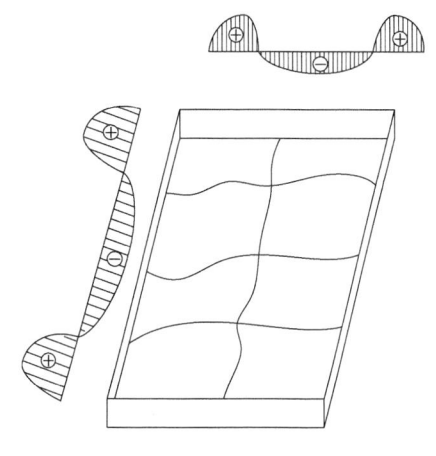

图1.20 薄板结构的波浪变形

1.3.5 残余应力对材料硬度的影响

材料硬度一般采用压入法测试，如洛氏硬度、布氏硬度等，材料内部存在残余应力时，压头的压入深度及周围的塑性变形都会受到影响。采用回弹法测试硬度时，残余应力会影响回弹量，因此，也会影响硬度的测试值。其影响机理是由于在存在残余拉应力的状态下材料更容易发生屈服。

（1）对压入深度的影响。

如图1.21所示，压力 p_0 均匀施加在接触部位，p 点的 x 方向和 y 方向的正应力 σ_x 和 σ_y 以及切应力 τ_{xy} 分别为：

$$\sigma_x = \frac{-p_0}{2\pi}[2(\varphi_1 - \varphi_2) + \sin2\varphi_1 - \sin2\varphi_2] \tag{1.28}$$

$$\sigma_y = \frac{-p_0}{2\pi}[2(\varphi_1 - \varphi_2) - \sin2\varphi_1 - \sin2\varphi_2] \tag{1.29}$$

$$\tau_{xy} = \frac{-p_0}{2\pi}(\cos2\varphi_1 - \cos2\varphi_2) \tag{1.30}$$

由此可求出最大剪切应力在接触部位端部的圆上，即：

$$\tau_{\max} = \sqrt{\left(\frac{\sigma_x - \sigma_y}{2}\right)^2 + \tau_{xy}^2} = \frac{p_0}{\pi}\sin(\varphi_1 - \varphi_2) \tag{1.31}$$

此处若有残余应力 $\sigma_{xr} \neq 0$，$\sigma_{yr} = 0$，则联立式（1.28）至式（1.31）可得[10]：

$$\tau_{\max} = \sqrt{\left[\frac{p_0}{\pi}\sin(\varphi_1 - \varphi_2)\right]^2 - \frac{p_0}{\pi}\sin(\varphi_1 - \varphi_2)\cdot\cos(\varphi_1 + \varphi_2)\cdot\sigma_{xr} + \frac{\sigma_{xr}^2}{4}}$$

$$\tag{1.32}$$

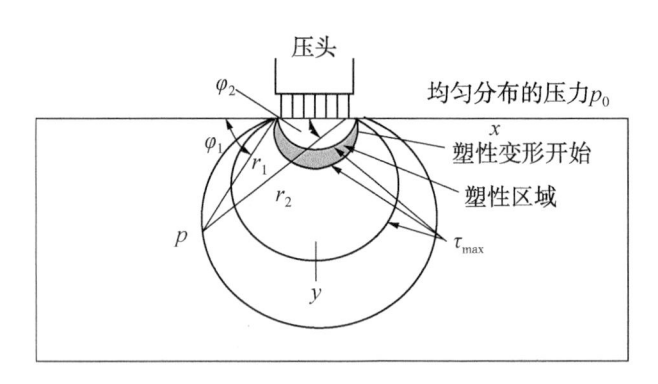

图 1.21 压入法测试时的应力分析图[10]

图 1.22 所示结果为在加载不同弯曲应力试样上测得的硬度值，结果显示压应力使得硬度测试值(HRB)增大，而拉应力使得硬度测试值减小。

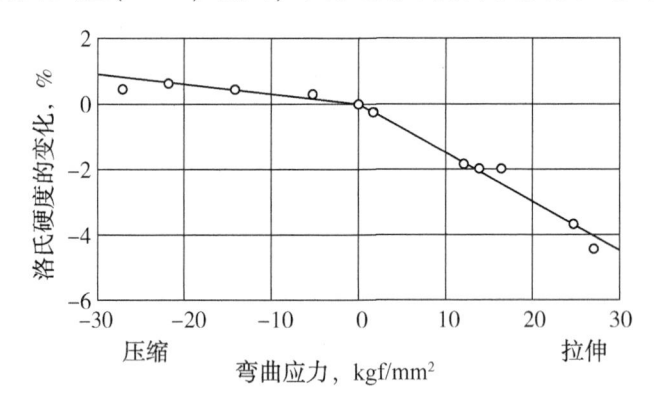

图 1.22 硬度与弯曲应力的关系[10]

（2）对回弹硬度的影响。

对于回弹硬度，材料的弹性模量及屈服极限具有决定性作用，残余应力使得材料内部存在微小的塑性变形，从而降低回弹能，使测试值减小。

1.3.6 残余应力对低应力脆性断裂的影响

低应力脆断的发生具有突发性，应力水平远低于工作应力，裂纹扩展速度快，断裂时无宏观塑性变形发生，断口平齐而光亮，往往造成灾难性事故。如1960 年美国 Trans-Western 公司一条 X52 钢级、口径为 762mm 的输气管线在63% 屈服强度的工作应力下发生了脆断，断裂长度达 13km。

环境温度低、加载速度大、结构刚度大（如壁厚过大）是造成低应力脆断的重要因素。焊接结构的脆性断裂往往起源于焊接接头，因为焊接接头部位总是存在应变时效引起的局部脆化，快速冷却产生的脆性组织，焊接缺陷引起的应力集中(如未焊透、咬边、成型不良、裂纹等)，错边、角变形引起的附加弯矩，焊接过程中不均匀加热引起的残余应力及残余变形等。

残余应力对脆性断裂的影响分两种情况。当试验温度高于材料的韧脆转变温度时，残余应力对脆性断裂无不利影响，因为作为塑性良好的材料，残余应力对静强度没有影响；当温度低于材料的韧脆转变温度时，残余应力的存在将促进脆断的发生。它与工作应力叠加共同作用，在外加载荷很低时，发生低应力脆性破坏。图1.23为宽板试验结果，图中PQDG为只有缺口无残余应力试样的破坏强度，DG线段相当于材料的屈服强度。即无残余应力时不发生脆性断裂。PQDER为有残余应力试样的断裂强度，当温度高于材料的韧脆转变温度时，不发生脆性断裂；当温度低于韧脆转变温度时，发生脆性断裂。

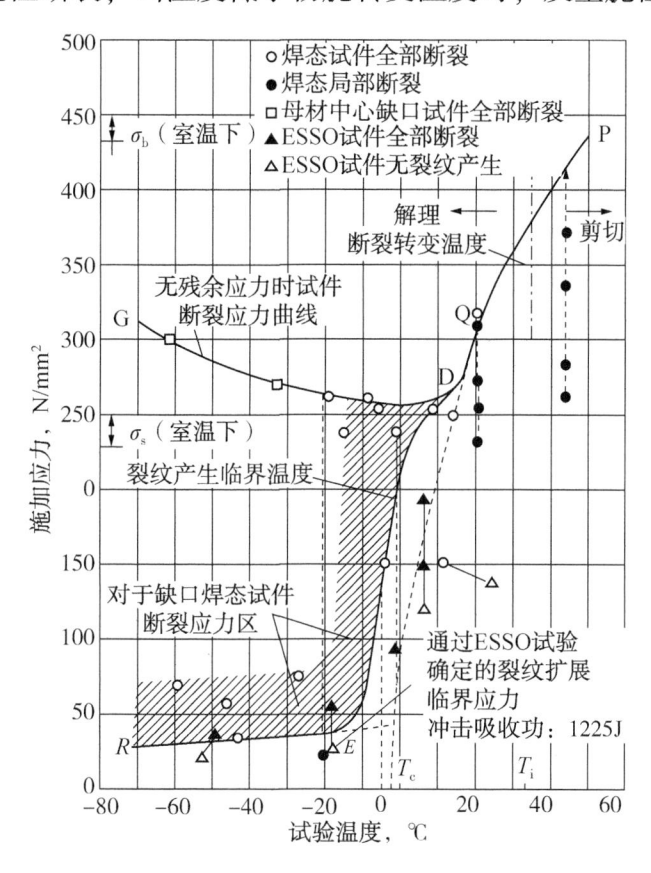

图 1.23 残余应力对断裂的影响[1]

1.3.7 残余应力对疲劳强度的影响

一般认为在交变载荷作用下，残余压应力会提高构件的疲劳强度，残余拉应力会降低构件的疲劳强度。但实际构件因条件及环境不同，残余应力的影响比较复杂。它与残余应力的分布及大小、材料的性能、外加作用力的状态等有关，还与残余应力的发生过程有关，与材料的形变强化、组织变化的特性有关，与这些因素在交变载荷作用下的稳定性有关。目前无论是从理论上，还是从实验方面对以上所有因素进行单独的定量分析都是极其困难的[11]。

疲劳载荷是一个随时间而变化的量，而残余应力是一个随空间不同而不同的量。假设疲劳载荷在构件内的工作应力处处相同，则在疲劳过程中，构件内每个点承受的疲劳载荷是不同的。残余应力的作用相当于改变了疲劳的平均应力水平，最小平均应力是疲劳载荷的平均应力与残余应力最小值叠加的结果，最大平均应力是疲劳载荷的平均应力与残余应力最大值叠加的结果。

当应力水平较低时，残余应力的影响较为明显。图1.24(a)所示为540MPa钢级的高强钢试样，中心有一个通过冲压形成的小孔，冲压过程将在试样内部产生残余应力，且该残余应力的分布及幅值与冲头和模具之间的间隙有关。当间隙为25%时，冲压后残余应力水平较高，热处理后该应力明显降低。

（a）中心冲孔试样　　　　　（b）残余应力对疲劳曲线的影响

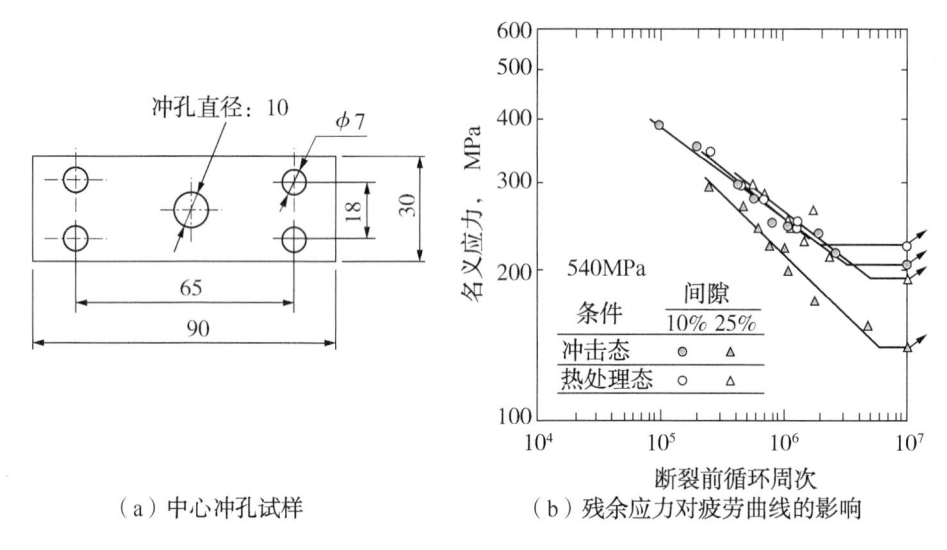

图1.24　残余应力对冲压件疲劳极限的影响[11]

残余应力对疲劳极限的影响符合Goodman关系：

$$\sigma_a = \sigma_{wo}\left(1 - \frac{\sigma_m}{\sigma_b}\right) \tag{1.33}$$

式中　σ_a——应力幅，MPa；

　　　σ_{wo}——疲劳极限($r=-1$)，MPa；

　　　σ_m——平均应力，MPa；

　　　σ_b——抗拉强度，MPa。

高强钢试样疲劳曲线的变化如图 1.24(b)所示，可见残余拉应力使疲劳极限明显降低。

当应力水平较高时，很多研究结果表明残余应力会发生松弛，主要原因是疲劳载荷与残余应力叠加后的应力水平超过了屈服强度，从而发生了塑性变形，导致残余应力在疲劳载荷作用过程中发生松弛[12]。图 1.25 为一圆棒试样表面经过喷丸处理产生的残余应力在弯曲疲劳过程中的变化，可以发现残余应力不是恒定的，而是随着交变载荷的作用逐渐降低。应力松弛是一个连续的过程，但最初的几个循环所起的作用非常显著。应力松弛幅度与循环周次、应力比、载荷水平、材料性能等均有关系[9]。尽管存在应力松弛的可能性，但一般来说，多数情况下焊接残余应力对结构的疲劳承载能力有不同程度的负面作用，焊接应力过高引起的疲劳失效的工程案例很多。另外，在发生应力松弛的情况下 Goodman 公式也不再适用，相关领域的研究工作一直是热点[13]。

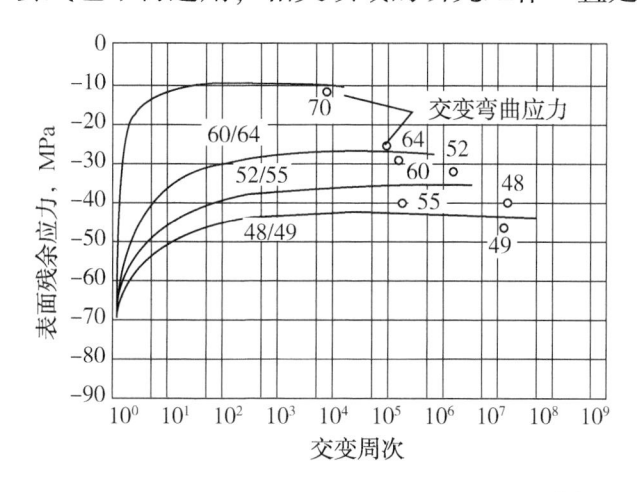

图 1.25 残余应力随交变弯曲应力的变化[9]

应力比是表征疲劳载荷的重要参数，不同的应力比对应不同的 S—N 曲线。英国焊接研究所(TWI)曾对一批原始焊态的焊接接头做了大量的试验研究，结果表明焊趾部位的应力水平已经达到屈服强度，因此，应力比不起作用。如图 1.26所示，对称循环、脉动循环的疲劳试验数据均分布在同一区域内。这说明外载荷引起的疲劳应力与焊接残余应

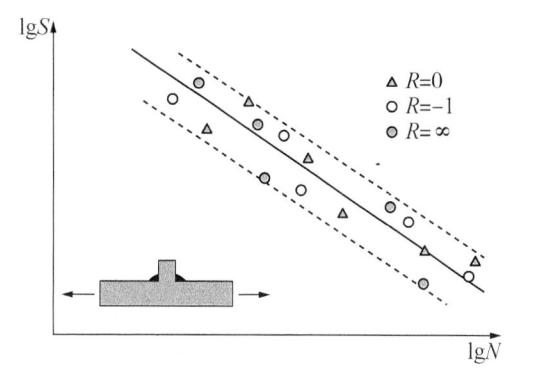

图 1.26 应力循环特性对 S—N 曲线的影响[13]

力不是简单的叠加关系。前者由力控制,后者由位移或应变控制。随着裂纹的扩展,位移控制的残余应力迅速下降,外力引起的疲劳应力迅速增加,在这种条件下,残余应力对疲劳寿命的影响是次要的[13]。

残余应力的分布及缺口引起的应力集中对疲劳强度的影响如图 1.27[9]所示,试验材料为碳钢。可以发现,试样 A 与试样 B 的疲劳强度没有明显差异,说明焊接残余应力对试样的疲劳强度影响不大;试样 C 的疲劳强度远低于试样 A,说明缺口造成的应力集中对疲劳强度的影响大于焊接残余应力的影响;试样 D 的疲劳强度高于试样 C,说明孔周的压应力状态对提高疲劳强度有好处;试样 E 的疲劳强度最低,说明孔周的拉伸残余应力进一步降低了疲劳强度。通过比较可知,在无缺口时,残余应力的影响不大;在存在缺口时,残余应力对疲劳强度的影响较明显。

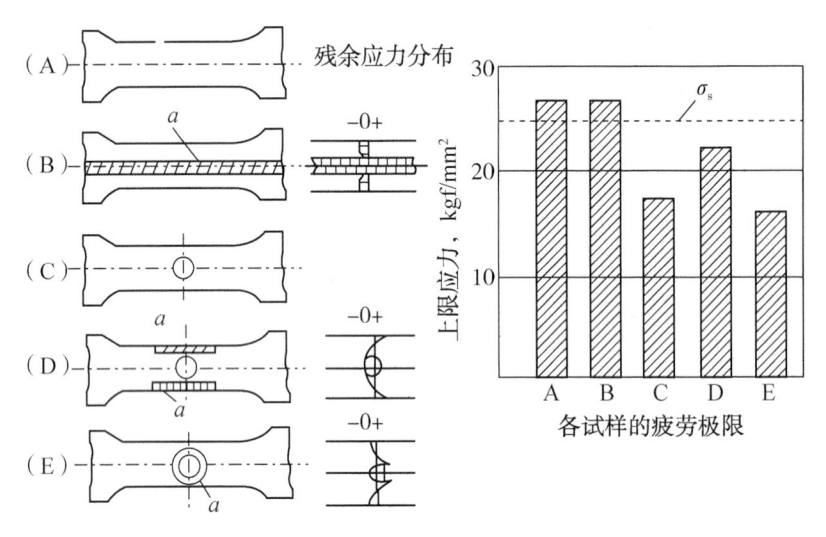

图 1.27 应力分布及缺口对疲劳强度的影响[9]

1.3.8 残余应力对腐蚀行为的影响

应力与腐蚀介质共同作用易产生应力腐蚀,此应力包括工作应力及残余应力,一般应力水平越高越容易发生应力腐蚀。不发生应力腐蚀的临界应力因材料、缺陷类型和介质种类等的不同而不同。一般情况下,尽管宏观应力水平较低,但由于应力集中存在,可能会导致局部应力水平超过材料的屈服极限,从而促进塑性变形及应力腐蚀的发生。在仅有残余应力的条件下,如果残余应力水平达到屈服强度水平,会促使缺陷位置的位错发生运动,也能够引起应力腐蚀。也有研究表明增大高温水环境下裂纹尖端的应力水平,促进该位置生成氧化膜，如果拉应力水平不足以使氧化膜破裂，应力腐蚀裂纹将停止扩展[14]。

焊接件的应力腐蚀都是在外载应力及残余应力共同作用下发生的。由于残余应力为平衡力系，与外载拉应力叠加时可能形成应力水平更高的拉应力区，从而促进裂纹扩展；也有可能形成应力水平较低的应力区或者压应力区阻止裂纹扩展，即如果与腐蚀介质接触的位置恰好存在残余压应力，则可阻止应力腐蚀裂纹的扩展。因此，焊件表面压延、喷丸、氮化等工艺对抑制应力腐蚀开裂是有益的。如1Cr13井口采用激光热处理使表面残余应力由拉应力转变为压应力，从而降低了应力腐蚀敏感指数[14]。

图1.28为铝合金在0.5mol/L氯化钠+0.005mol/L碳酸钠介质中应力水平对应力腐蚀的影响。A为拉拔后切削加工的试样，B为拉拔后进行温水淬火的试样，C为拉拔后表面进行加工的试样。经检测发现C试样的表面残余应力水平最高。可以看出外加应力水平越高，越容易发生断裂，残余应力水平越高越容易发生破坏。

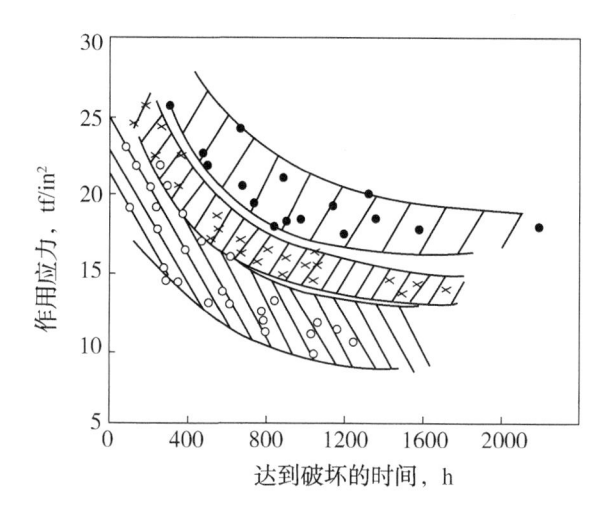

图1.28 残余应力水平对应力腐蚀的影响[9]

●—试样A(表面残余应力-0.3~+0.3tf/in^2)；
×—试样B(表面残余应力-1.5~+0.5tf/in^2)；
○—试样C(表面残余应力+9.0~+0.5tf/in^2)

1.4 残余应力的调控措施

残余应力对结构的加工与配合、承载能力、刚度及稳定性、脆断与疲劳、腐蚀行为等有诸多不利影响，因此，在实际生产中需要采取有效措施调整、控制残余应力。根据所采取措施与工件制造顺序的关系，可以分为制造过程中的调整残余应力措施，以及制造完成后的消除残余应力措施。如焊接件的残余应力调整措施分为焊前调整措施、施焊过程中的调整措施及焊后的消除措施。残余应力的调控目标为尽量降低残余应力的峰值，避免在大范围内形成高值拉应力，避免应力集中位置产生高值拉应力，减少残余应力的维数。

1.4.1 调整残余应力的方法

热加工(如焊接及热切割)残余应力的产生原因为高温时的压缩塑性变形，该塑性变形的数值越大、范围越广，产生的残余应力水平越高，而压缩塑性变形量与压缩塑性变形区的尺寸及结构刚度有关，因此，调整残余应力应该从这些方面采取适当措施。以焊接残余应力的调整为例，根据措施实施的阶段可分为结构设计类措施及工艺改进类措施[1,2,9,15]及加工过程完成后的调整措施。

1.4.1.1 结构设计类措施

在结构设计及工艺设计阶段应采取合理措施降低残余应力。

(1) 尽量减少焊缝的尺寸及数量。

以保证结构强度为前提，焊缝截面的尺寸合适即可，焊缝尺寸越大，残余应力的分布范围越大。

对于联系焊缝(不直接承受载荷的焊缝)尽量采用断续焊、塞焊等来代替连续焊，如图1.29(a)所示。

另外，多一个焊接接头则多一个残余应力形成源，减少焊缝的数量可减少焊接残余应力产生的可能性。在工艺及成本允许的条件下，尽量采用塑性成型件代替焊接件，如图1.29(b)所示。同时，高温区包括热影响区及焊缝，这两个区也是冶金缺陷的多发区，是焊接接头中发生事故的高发区。因此，减少焊接接头的尺寸与数量也是防止结构失效的有效手段。

在需要加强筋的情况下，应适当选择筋板的分布形式。如图1.29(c)所示的结构，如果采用8条筋板加固轴承座，其焊缝的数量多且相互交叉；若改为用槽钢形式，则可减少焊缝数量，且固定效果更好。

(2) 尽量避免焊缝过分集中。

如果两条焊缝交叉，则在交叉点承受双向高值残余拉应力；若多条焊缝交叉到一个点，则交叉点承受多向拉应力。而且交叉点的冶金质量也很难控制。所以，应尽量避免焊缝的交叉，可采用如图1.30所示的挖孔、错开及加插件等方法。焊缝之间应保持足够的距离，压力容器制造规范中要求两条焊缝之间的距离应大于100mm，如图1.31所示。

（a）断续焊及塞焊

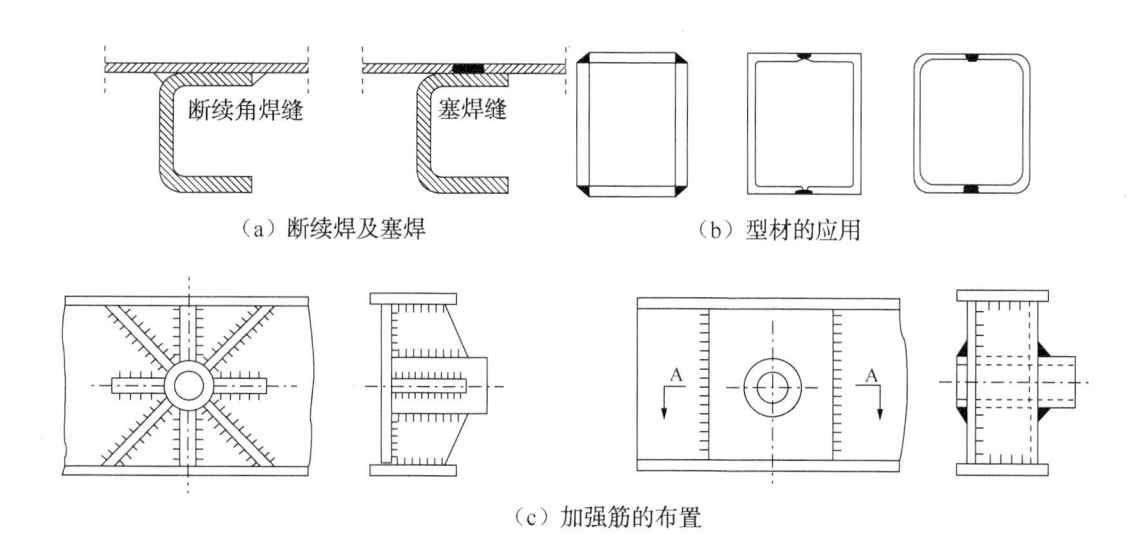

（b）型材的应用

（c）加强筋的布置

图 1.29　断续焊及塞焊的应用

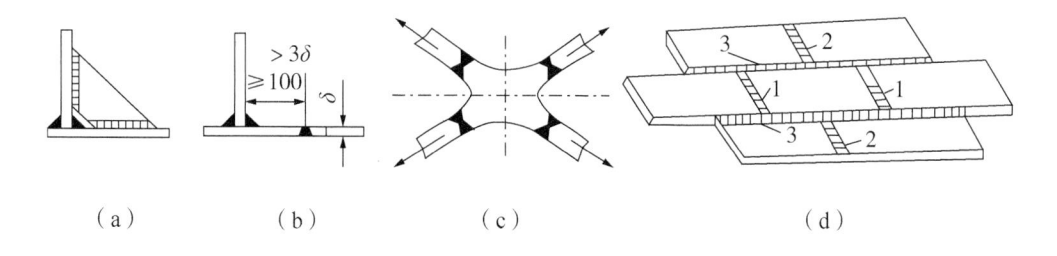

（a）　（b）　（c）　（d）

图 1.30　避免焊缝交叉的措施

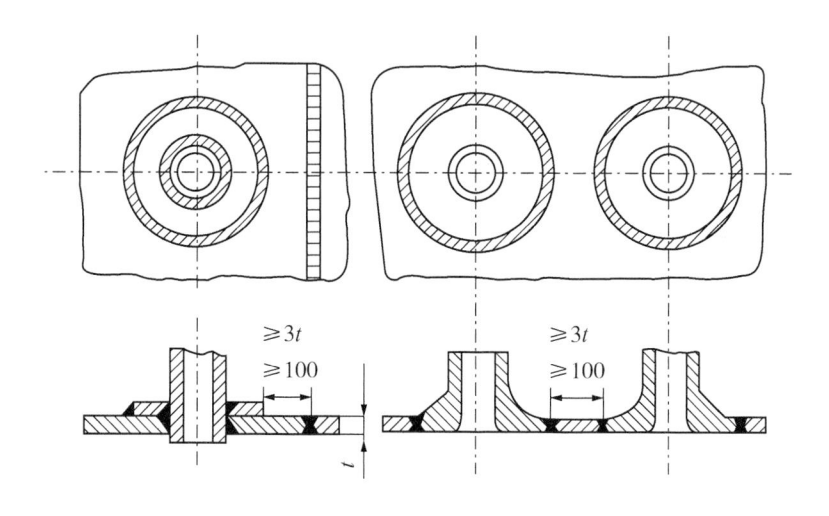

图 1.31　容器接管焊缝

(3) 采用刚性较小的接头。

刚性较大的接头，残余应力水平高，焊接时易开裂。如图 1.32(a)所示的圆棒接头，左边的接头形式刚性大、不易焊透，右边的刚性较小、容易焊透，对控制开裂很有效果。如图 1.32(b)所示，左边容器的插入式接管接头的拘束度较高，焊缝内可能会形成双向拉应力；而右边卷边式接头拘束度较低，焊缝上的残余应力主要是纵向残余应力。

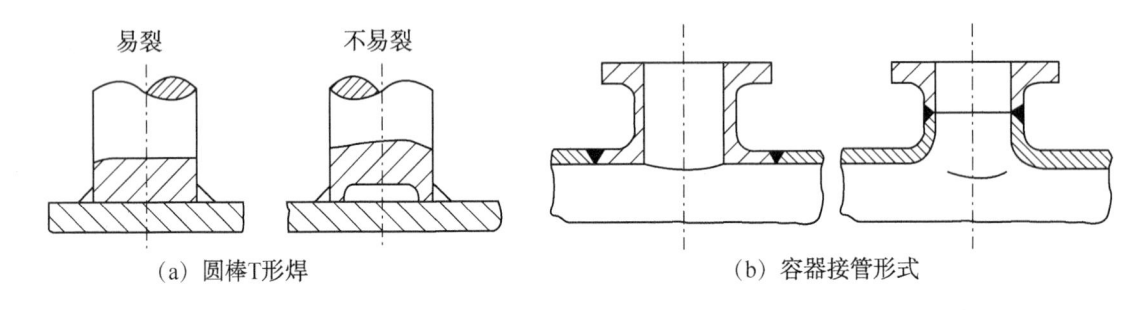

(a) 圆棒T形焊　　　　　　(b) 容器接管形式

图 1.32　减小接头刚度的措施

(4) 尽量采用较小的板厚。

厚板的残余应力为三维应力，且拘束度较大，残余应力水平较高，易造成脆断，因此，厚壁结构的焊缝通常需要进行去应力退火。为满足容器结构工况对强度的需求，在设计中可以采用叠层板代替单层厚板。

(5) 焊缝应尽量避开应力集中位置。

焊缝应尽量避开高应力位置，如图 1.33 所示，简支梁的中心截面是其中工作应力最高的位置，若焊接接头处于该位置，则工作应力与残余应力叠加会降低接头的承载强度。

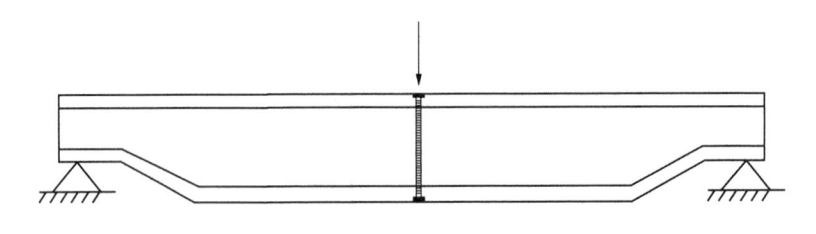

图 1.33　焊缝位置与外载荷的关系

(6) 合理采用角焊缝。

在十字接头、T形接头、角接接头和搭接接头中，角焊缝对控制残余应力更有益。因为采用角焊缝时，间隙与力线的偏移会降低接头的刚性，从而降低横向焊接残余应力。同时，角焊缝对焊件的尺寸偏差、装配精度要求比较低，允许较大的横向错位及角度偏差。而对接接头对装配间隙、坡口尺寸要求较高，在装配过程中易引入较高拘束或预应力。

1.4.1.2 工艺改进类措施

在焊接过程中采取合适的工艺措施可进一步降低焊接残余应力。

(1) 降低拘束度。

焊接应力是由于焊缝区金属的纵向及横向收缩不能自由进行造成的，故减小拘束必然能降低残余应力水平。如图1.34所示，封闭型焊缝的拘束度高，往往产生较高残余应力，采用平板卷边、镶块压凹的措施，可降低结构的拘束度，从而降低残余应力水平。这种工艺的原理是通过残余变形释放残余应力。然而，由于焊接变形与残余应力是相反的两种表现形式，故需提前设计好反变形的量及方式，以确保达到最优的效果。

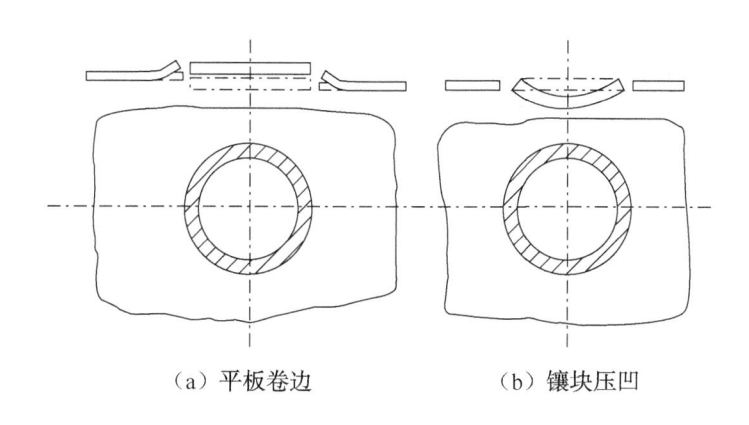

(a) 平板卷边　　　　(b) 镶块压凹

图 1.34　减小接头刚度的措施

(2) 采用合理的焊接顺序。

结构的焊接过程改变了结构的拘束度，最后的焊缝是在拘束度最高的情况下完成的。因此，在设计焊接顺序时，应尽量减少拘束，尽量使焊缝能够自由收缩。图1.30(d)为大面积平板的拼焊，需先焊短焊缝1和2，再焊长焊缝3。若先焊长焊缝3，焊完后焊缝2相连的板已经被固定，因此，焊缝2的拘束度就会非常大，从而产生高值残余应力，甚至产生裂纹，或造成整个拼板凹凸不平。长焊缝3应从中间向两头焊接，避免从两头向中间焊接。

焊缝较多时，应先焊收缩量较大或受力大的焊缝，图1.35(a)所示为带盖板的双工字钢的焊接，应先焊收缩量较大的盖板对接焊缝1，再焊接盖板与工字钢之间的角焊缝2。图1.35(b)所示的工字梁对接，应先焊受力最大的盖板对接焊缝 1，然后焊接腹板对接焊缝 2，最后焊接盖板与腹板之间的角焊缝 3。

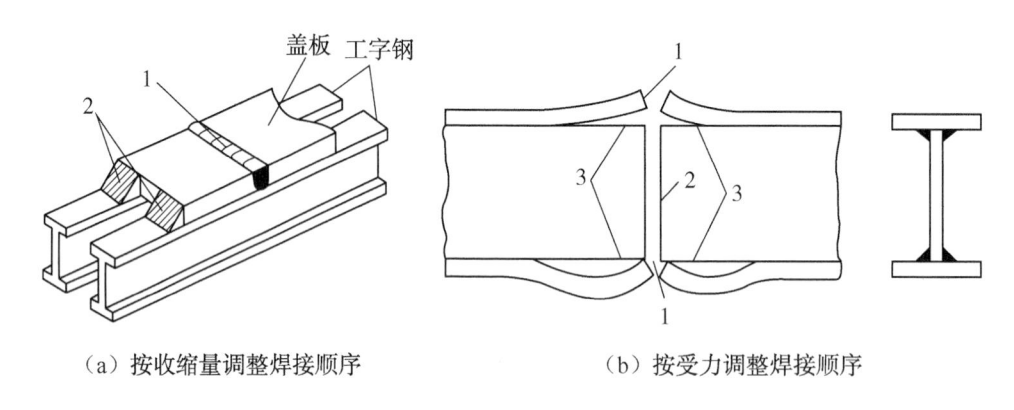

（a）按收缩量调整焊接顺序

（b）按受力调整焊接顺序

图 1.35　合理的焊接顺序

（3）延展高温区。

利用小圆头风枪或小手锤、超声波系统或电磁控制的锤击系统锤击焊缝，或采用随焊旋压系统碾压焊缝[图 1.36（a）][16]，或采用电磁力[图 1.36（b）][17]使高温区焊缝金属延展，以抵消其压缩塑性变形，进而松弛残余应力。这种方法在焊接高强度、低塑性材料以及补焊时十分有效。进行锤击时的温度在 800~500℃最好，当温度低于 500℃时，则不宜再进行锤击。

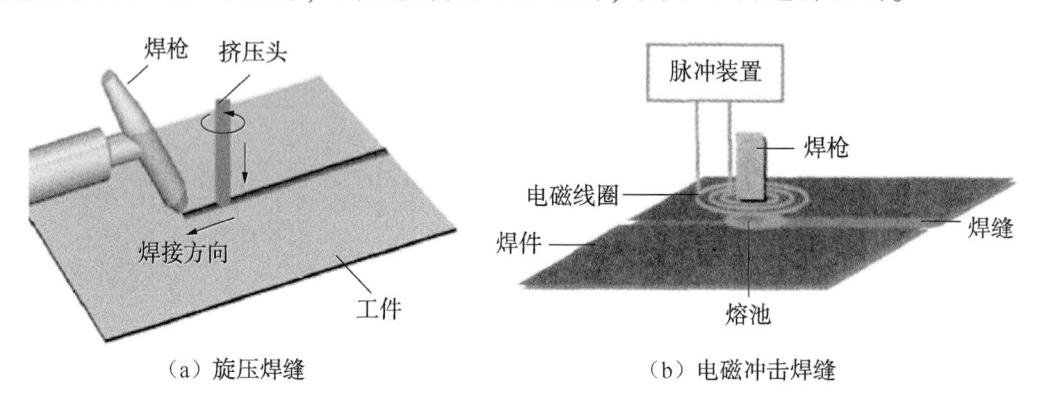

（a）旋压焊缝

（b）电磁冲击焊缝

图 1.36　随焊旋压法示意图

（4）随焊激冷与加热减应。

随焊激冷工艺中将冷却装置置于焊炬后一定距离，在焊缝凝固后仍处于高温时进行强制冷却，调整焊缝处的残余应力。由于接头处冷却速度快，可形成压缩残余应力[18,19]。

在进行焊接的过程中，同时加热阻碍焊接区伸缩变形的区域，使之与焊接区同时发生伸长与缩短，降低对焊接区的拘束，避免高值应力产生。图 1.37 所示的框架在补焊过程中焊接区会受到两侧边框的限制，从而产生压缩塑性变形。采用加热减应的方法用气焊焊炬提前对两侧边框进行加热，使之膨胀，焊接完成后同时撤去所有焊炬，让焊接区与减应区同时收缩。

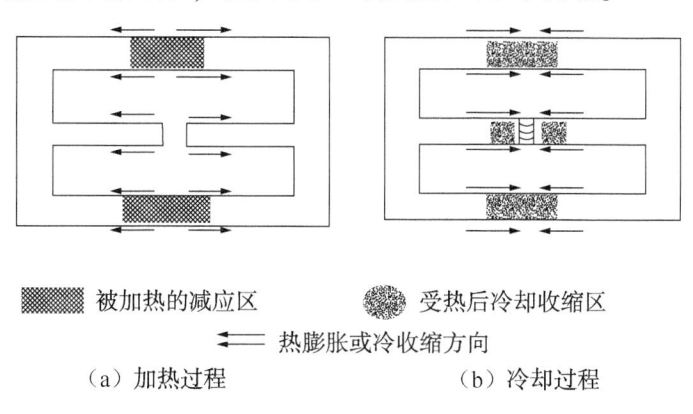

■ 被加热的减应区　　● 受热后冷却收缩区
← 热膨胀或冷收缩方向

（a）加热过程　　　　（b）冷却过程

图 1.37　加热减应法

（5）优化工艺参数。

焊接残余应力的大小取决于高温时发生的压缩塑性变形量，焊接热输入越大，压缩塑性变形量越大，残余应力越高。因此，降低焊接热输入能够降低残余应力。

焊接残余应力的特征与焊缝长度相关。如图 1.38（a）所示，纵向残余应力的分布存在过渡区，当焊缝长度很短时稳定区消失，焊接残余应力的峰值降低。因此，采用分段焊残余应力水平比直通焊低。如图 1.38（b）所示为 500mm×500mm×16mm 平板对接的横向残余应力[20]，材质为 0Cr13Ni5Mo，焊接方法为 CO_2 气体保护焊。可以看出分段焊的残余应力水平明显低于直通焊，特别是在热影响区残余应力由拉应力变成了压应力，有益于其承载能力。

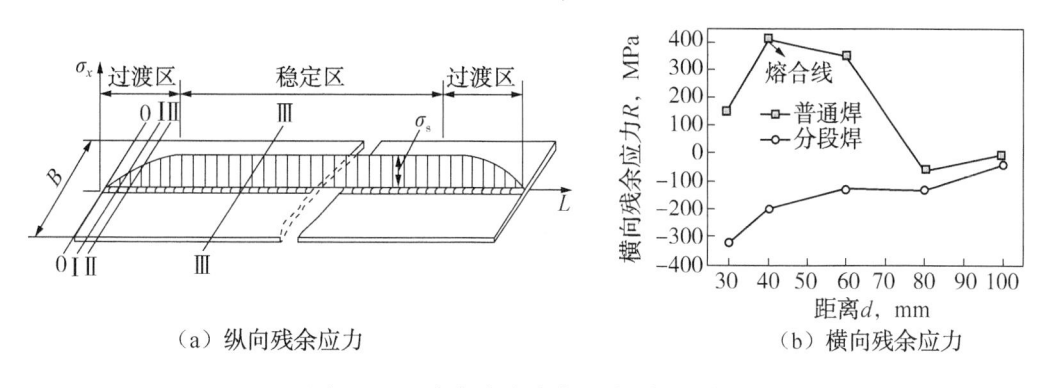

（a）纵向残余应力　　　　（b）横向残余应力

图 1.38　残余应力与焊缝长度的关系

切削过程产生的残余应力与切削参数(如切削量、切削速度)、刀具几何尺寸(如切削刀具的圆角)、材料性能和润滑条件等因素有关[4,5]。一般情况下,随着切削速度的增加,加工残余压应力增大,残余应力的影响深度增大[21]。对45#钢、40Cr(淬硬)钢、40Cr(退火)钢和304不锈钢进行车削加工发现,微量润滑有降低切削残余拉应力的作用,对韧性和强度高的材料的加工残余应力影响较为明显,对难切削材料的影响要大于对普通碳钢的影响[22]。在对Inconel718的磨削过程中,通过合理调节感应加热和磨削工艺参数,可获得较小的表面残余拉应力甚至压应力[23]。

塑性成型过程产生的残余应力与材料类型、成型参数、压下量和减薄率等有关。高强钢板精轧过程中,冷却速度越高,热应力及相变应力越大,残余应力水平越高[24]。钢管扩径过程中,残余应力随模具的扇形角减小而降低[25]。

1.4.1.3 加工过程完成后的调整措施

加工过程结束后调整残余应力的方法包括喷丸和超声冲击等,主要目标是通过对工件表面施加机械的压应力,使其表面及近表面层产生压应力,抵消原来的拉应力或形成新的压应力区。这种处理方法不仅可以改善残余应力的分布,同时也是一种强化的有效手段。喷丸方式不仅包括传统的干式机械喷丸,还有在介质中进行的湿式喷丸,此外,利用高压水进行水喷射、激光局部重熔也可称为喷丸处理。

1.4.2 消除残余应力的方法

消除残余应力的方法既有加热的方法,也有机械的方法。

(1) 整体高温回火与局部高温回火。

高温回火指将整个构件或部分构件加热到一定温度,保温一段时间,然后缓慢冷却至室温的热处理工艺。这种通过加热消除残余应力的方法与材料的蠕变及应力松弛现象有密切关系。在加热过程中,随着温度的升高材料强度及弹性模量会下降,这时材料内部的残余应力会因超过屈服强度而引起塑性变形,从而使残余应力得到释放。另外,温度的升高使得材料发生蠕变越来越容易,进一步使应力水平降低。理论上,只要加热温度足够高、加热时间足够长,就能够完全消除残余应力。但值得注意的是,很多工程材料的供货状态是经过回火处理的,如细晶粒高强钢,良好的强韧性匹配是在控制成分、控制轧制、加速冷却的条件下获得的,为了消除残余应力而进行的热处理的温度可能高于材料原来的回火温度,这种情况下可能导致材料的软化,且材料原来的强度越高,这种趋势越明显。

高温回火处理可完全消除残余应力,因此,重要的构件都采用这种方法进行处理,如压力容器、高压管道等。回火温度因材料不同而有所差异,见表1.2。

表1.2 不同材料消除焊接残余应力的回火温度

钢号	需做应力消除处理的厚度,mm		回火温度,℃
	不预热	预热100℃以上	
Q235,20,20g	>34	>38	600~650
16Mn,19Mn5	>30	>34	600~650
15MnV,15MnTi	>28	>32	600~650
14MnMoV,18MnMoNb,13MnMoNb	任何厚度	>20	600~680
12Cr1Mo,15CrMo	任何厚度	>10	600~680
12CrMoV	任何厚度	>6	720~740
2.25Cr1Mo	任何厚度	>6	650~670

高温回火消除残余应力的效果主要取决于加热温度和保温时间,而这两个参数随着材料种类的不同有所差异。一般情况下,对于同种材料而言,加热温度越高、加热时间越长,残余应力消除效果越好,如图1.39所示。对于材料本身具有再热裂纹倾向、壁厚较大的结构,应控制加热速度及加热时间,否则可能会造成再热裂纹的产生。

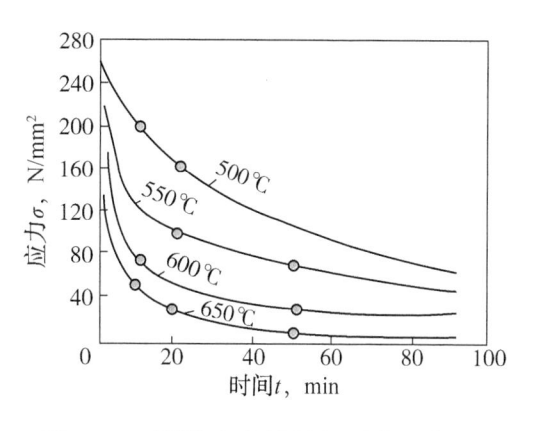

图1.39 消除应力效果与回火工艺参数的关系(低碳钢)

回火过程由4个阶段组成:加热、温度均匀化、保温及冷却。应力的消除主要在加热阶段。加热温度可参考表1.2给出的数据,保温时间通常与厚度有关,厚度越大,保温时间越长。热处理成本与时间直接相关,因此,可以选择较高的回火温度,缩短保温时间,一般按每毫米壁厚保温1~2min计算,总的保温时间不宜低于30min,不宜超过3h。高温加热后,如果构件不能均匀冷却,则可能会形成新的残余应力。

用高温回火消除残余应力，不能自动地同时消除残余变形，为了达到同时消除残余变形的目的，在加热之前必须采取合适的工艺措施，如采用刚性夹具调整好尺寸等。

高温回火分为整体高温回火及局部高温回火。结构尺寸不大的构件，可在加热炉中进行整体回火处理。而大型厚壁容器、球罐、各类压力设备外壳等，尺寸非常大，无法在炉内进行加热，可在容器外壁覆盖隔热层，在容器内部用电阻、火焰等方法进行加热。无论哪一种回火工艺，成本都比较大，因此，应综合考虑各方面的因素。

对于压力管道等结构，尺寸非常大，残余应力分布在很小的范围，一般采用局部高温回火的方法进行处理。但这种方法的效果不如整体高温回火，只能降低应力峰值，而不能完全消除残余应力。局部高温回火一般采用电阻、红外、火焰或感应等方法进行加热，加热时，加热带应覆盖足够宽的范围：

$$B = 5\sqrt{R\delta} \quad (1.34)$$

$$B = W \quad (1.35)$$

式中　B——加热区宽度，mm；

　　　R——圆筒半径，mm；

　　　δ——壁厚，mm；

　　　W——板宽，mm。

加热温度控制如图1.40所示，加热范围的边缘温度为中心处的$1/2$[2]。必须注意的是，复杂结构件进行局部高温回火有可能产生更加复杂的残余应力，所以这种方法仅适用于圆筒容器、管道对接、长平板对接等简单结构。

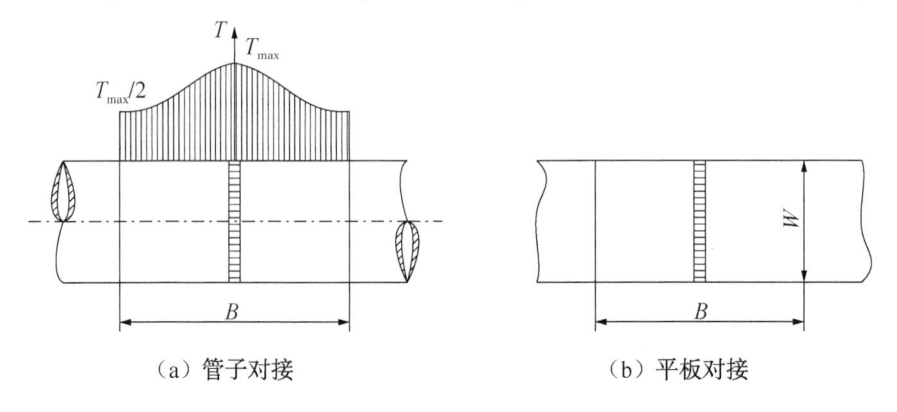

（a）管子对接　　（b）平板对接

图1.40　局部回火的加热宽度及温度分布

（2）机械拉伸法。

对构件进行整体加载，使原来的压缩塑性变形区受拉，且形成拉伸塑性变形，以抵消原来的压缩塑性变形。其原理如图 1.41 所示。经过一次加载后，残余应力降低为：

$$\sigma_1'' = \sigma_s - \frac{F}{\delta B} \tag{1.36}$$

式中　σ_1''——残余应力，MPa；
　　　σ_s——材料的屈服强度，MPa；
　　　F——外载荷，MPa；
　　　δ——壁厚，mm；
　　　W——板宽，mm。

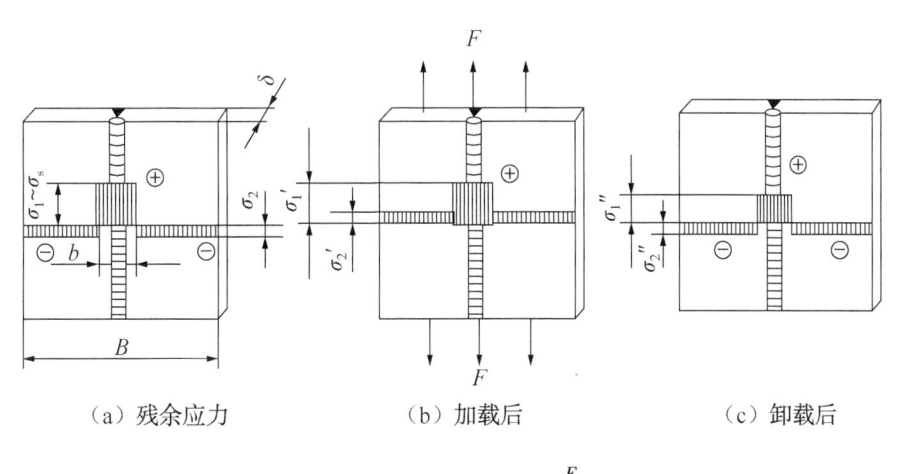

（a）残余应力　　（b）加载后　　（c）卸载后

$$\sigma_1 = \sigma_s,\ \sigma_1' = \sigma_s,\ \sigma_1'' = \sigma_s - \frac{F}{\delta B}$$

$$\sigma_2 = -\frac{\sigma_s b}{B-b},\ \sigma_2' = \sigma_2 + \frac{F}{\delta(B-b)},$$

$$\sigma_2'' = \sigma_2' - \frac{F}{\delta B} = -\frac{\sigma_s b}{B-b} + \frac{F}{\delta(B-b)} = -\frac{b}{B-b}\left(\sigma_s - \frac{F}{\delta B}\right)$$

图 1.41　机械拉伸法原理图

可见，当外载荷的应力水平达到屈服应力时，残余应力 σ_1'' 完全被消除。

机械拉伸消除残余应力的方法对于压力容器及压力管道特别有意义。这些结构在安装、铺设完成后一般要进行水压试验，以检测结构的承载能力。在进行水压试验时，内压一般都比较大，处于过载水平，如按 0.7 设计系数进行设计，水压试验的压力系数取 1.4 时，结构承载接近屈服极限，几乎可以完全消除残余应力。

机械拉伸法在实施过程中必须考虑到结构中的应力集中情况，且不能明显改变材料性能。水压试验常用介质为水，水温应高于材料的韧脆转变温度，试验过程应采用声发射法进行监测，以免在试验过程中发生脆断。

机械拉伸法相比于整体回火具有很多好处。如经水压试验处理过的结构残余应力分布更均匀，在容器的开孔、接管处的高应力区消除效果良好，甚至有可能产生一定水平的压应力，可降低几何因素产生的附加应力水平，且施工方便，成本低。

（3）温差拉伸法。

在焊缝两侧用一适当宽度的氧乙炔火焰加热，在火焰后一定距离进行喷水冷却。火焰与喷水管以同样的速度向前移动，形成一个焊缝区温度约100℃、两侧温度约200℃的温度场，如图1.42所示。高温区的金属因受热膨胀对低温区的焊缝产生拉伸作用，使之达到屈服状态，以拉伸塑性变形抵消原来的压缩塑性变形，从而消除内应力。

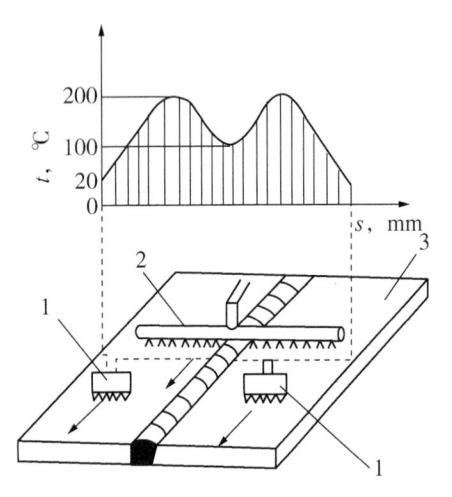

图1.42 温差拉伸法
1—氧乙炔加热炬；2—喷水管；3—焊件

温差拉伸法利用不均匀加热产生的拉伸塑性变形抵消原来的压缩塑性变形，因此，其原理与机械拉伸相同。区别在于这里是通过火焰对局部进行加热，而不是进行整体拉伸。如果工艺参数合适也可以取得良好的效果，且处理效率很高。特别是对于焊缝比较规则，壁厚小于40mm的板壳结构具有一定的实用价值。

（4）振动时效法。

利用偏心轮和变速马达组成激振器，使结构发生共振，利用共振产生的循环应力降低残余应力。关于振动消除残余应力的机理有多种不同认识，一般认为振动给工件施加了附加应力，当附加应力与残余应力叠加，达到或超过了材料的屈服强度时，在工件内部发生了微观和宏观的塑性变形，从而使残余应力得以释放。因此，这种方法仍然可以认为是一种利用拉伸消除残余应力的方法。振动时效处理调整残余应力的效果受工件尺寸、材质及振动工艺的影响较大。如能正确控制振动参数，不但能消除残余应力，同时对结构的抗疲劳、脆断也有一定益处。

(5) 爆炸法。

爆炸法通过布置在焊缝及其附近的炸药带引爆后产生的冲击波与残余应力的交互作用，使金属产生适量的塑性变形，从而使残余应力得以松弛。爆炸法不仅能消除残余应力，还可产生残余压应力。在压力容器、化工反应塔、管道、水工结构及箱型梁等结构中采用爆炸法消除残余应力，取得了良好的效果[2,10]。

1.5 残余应力研究现状及展望

由于残余应力对结构的服役性能有重要影响，残余应力一直是结构制造领域的重要研究方向，主要集中在残余应力的分布规律及形成机理、残余应力的分析方法、残余应力对结构的影响以及残余应力的调控等方面。对于焊接结构，其焊接接头部位往往存在高值残余拉应力，对焊接结构完整性和服役安全性造成威胁，因此，在焊接残余应力的形成机理、测量技术和调控措施等方面有大量的研究成果。

目前，对成型过程产生的宏观残余应力的形成机理、控制方法已形成了统一的认识，即若成型过程在结构内部产生了不均匀的塑性变形，则必然导致残余应力的产生。残余应力的分布规律取决于不均匀塑性变形的分布状态，残余应力的性质取决于不均匀塑性变形的性质，残余应力的水平取决于塑性变形的大小。在加工过程中产生过量压缩塑性变形的区域将在加工结束后承受高值残余拉应力。

关于残余应力的测量已形成了一些标准方法，如 X 射线衍射法、钻孔应变法、压痕应变法、全释放应变法、超声波法等。除了已有标准化操作程序的测试方法外，还有深孔法、切条切块法、剥层法、轮廓法等方法，并陆续出现了激光散斑干涉、激光云纹干涉、光学全息、数字图像处理等测试手段，离子聚焦束钻孔等切割技术，切割法与数值计算法结合的技术等，形成了数字图像相关法(Digital Image Correlation，DIC)—聚焦离子束(Focused Ion Beam，FIB)钻孔法、激光散斑干涉(Laser Speckle Interferometry)钻孔法、全息(Holography)照相钻孔法、云纹干涉切割法、DIC—环切法、DIC—几何图像分析(Geometric Phase Analysis，GPA)—裂纹柔度法、DIC—剥层法等[26]等。厚板结构中残余应力沿厚度方向的分布是不均匀的，中子衍射等方法由于设备昂贵，很难普及到工程应用领域。与数值模拟相结合的 DIC—轮廓法、DIC—剥层法等，测试原理清晰，测试设备相对简单，因此，更容易形成工程化的测量方法，在今后的工程应用中具有较大发展空间。同时，无损、高精度、多尺度测量仍然是残余应力测量技术的重要发展方向。各种新测试方法的目标均为提高测试精度，提高分析速度，扩大适用范围。

数值模拟方法在残余应力分析领域得到了广泛引用，但对于一些大型结构，由于尺寸大、成型过程复杂，往往造成分析规模巨大的困难。如大口径、厚壁螺旋焊管的残余应力分析，由于其中成型残余应力及焊接残余应力同时存在，为了获得可靠应力解，单元尺寸受到限制，其成型分析模型的规模特别大。为了缩小分析规模而采用壳单元模型、串段热源模型，在一定程度上会降低分析精度。所以，开发大规模计算模型、高精度焊接热源模型是需要解决的问题。

残余应力调控措施是控制残余应力的产生因素，如控制工艺参数、控制工件的刚度、抵消压缩塑性变形等。消除残余应力的原理包括蠕变（如高温回火）、产生拉伸塑性变形抵消原来的压缩塑性变形（如机械拉伸、温差拉伸、振动），改善残余应力分布状态的原理是通过冲击产生的压缩应力抵消原来的拉应力（如超声冲击）。同时形成了一些处理的标准程序，如 GB/T 33163—2016《金属材料残余应力超声冲击处理法》、GB/T 26078—2010《金属材料焊接残余应力爆炸处理法》、GB/T 25712—2010《振动时效工艺参数选择及效果评定方法》、SY/T 4083—2012《电热法消除管道焊接残余应力热处理工艺规范》等。开发简单、易操作的处理设备，优化成型工艺，开发残余应力调控措施是该领域的重点。

可以预见未来会有更多的新知识、新技术、新装备被引入残余应力的测试、分析及调控等领域，促进该领域理论水平与技术水平的提高与发展。

参 考 文 献

[1] 方洪渊. 焊接结构学[M]. 2版. 北京：机械工业出版社，2017.
[2] 陈祝年. 焊接工程师手册[M]. 北京：机械工业出版社，2002.
[3] 上田幸雄，村川英一，麻宁绪. 焊接变形和残余应力的数值计算方法与程序[M]. 罗宇，王江超，译. 成都：四川大学出版社，2008.
[4] 王增强，刘超锋. 切削加工表面残余应力研究综述[J]. 航空制造技术. 2015(6)：26-30.
[5] 韩荣第，周明，孙玉洁. 金属切削原理与刀具[M]. 哈尔滨：哈尔滨工业大学出版社，2004.
[6] 米谷茂. 残余应力的参数和对策[M]. 朱荆璞，邵会孟，译. 北京：机械工业出版

社，1983.

[7] 邓德安，张彦斌，李索，等．固态相变对 P92 钢焊接接头残余应力的影响[J]．金属学报，2016，52(4)：394-402.

[8] Jiang Jishen, Zou Zhonghua, Wang Weizhe, et al. Effect of internal oxidation on the interfacial morphology and residual stressin air plasma sprayed thermal barrier coatings[J]. Surface & Coatings Technology, 2018, 334：215-226.

[9] 宋天民．焊接残余应力的产生与消除[M]．2版．北京：中国石化出版社，2010.

[10] 唐委校．过程设备焊接结构[M]．北京：化学工业出版社，2010.

[11] Tsuyoshi Shiozaki, Yoshikiyo Tamai, Toshiaki Urabe. Effect of Residual Stresses on Fatigue Strength of High Strength Steelsheets with Punched Holes[J]. International Journal of Fatigue. 2015, 80：324-331.

[12] Wang Qiang, Liu Xuesong, Yan Zhongjie, et al. On the mechanism of residual stresses relaxation in welded joints undercyclic loading[J]. International Journal of Fatigue. 2017, 105：43-59.

[13] 兆文忠，李向伟，董平沙．焊接结构抗疲劳设计理论与方法[M]．北京：机械工业出版社，2017.

[14] Reja V S, Shaoji Tetsuo. Stress Corrosion Cracking-Theory and Practice[M]. Sawston, Cambridge：Woodhead Publishing Limited, 2011.

[15] 裴峻峰，郭泽亮，殷舜时，等．激光热处理对1Cr13井口用钢抗硫化物应力腐蚀性能的影响[J]．材料热处理学报，2015，36(5)：184-190.

[16] 李亚江．焊接缺陷分析与对策[M]．北京：化学工业出版社，2011.

[17] 李军，杨建国，刘雪松．随焊旋转挤压控制薄板焊件应力变形新方法[J]．机械工程学报，2010，46(12)：81-85.

[18] 许威，刘雪松，方洪渊，等．基于电磁力随焊控制残余应力和变形的可行性分析[J]．焊接学报，2008，29(8)：65-68.

[19] 郭绍庆，袁鸿，徐文立，等．温差拉伸和随焊激冷配合使用控制焊接变形[J]．焊接学报，2004，25(6)：82-86.

[20] 杨建国，谢浩，闫德俊，等．随焊干冰激冷冷源尺寸对焊接残余应力影响的有限元分析[J]．焊接学报，2017，38(2)：14-18.

[21] 姬书得，张利国，方洪渊．分段焊影响转轮焊接残余应力的试验分析[J]．焊接学报，2007，28(3)：101-104.

[22] 辛民解，丽静，王西彬，等．高速铣削高强高硬钢加工表面残余应力研究[J]．北京理工大学学报，2010，30(1)：19-23.

[23] 贺爱东，叶邦彦，覃孟扬，等．微量润滑对切削加工残余应力的影响[J]．湖南大学学报(自然科学版)，2015，42(10)：48-53.

[24] 李峰, 李学崑, 融亦鸣. 强化感应加热辅助磨削 Inconel718 的残余应力主动调控[J]. 机械工程学报, 2018, 54(3): 216-226.

[25] 赵志毅, 薛润东, 屈春花, 等. 精轧后冷却速度对 700MPa 级带钢残余应力及组织影响的实验研究[J]. 塑性工程学报, 2008, 15(4): 121-125.

[26] 郭宝锋, 金淼, 任运来, 等. 模具扇形角对机械扩径成型过程的影响[J]. 塑性工程学报, 2002, 9(1): 59-61.

[27] Huang Xianfu, Liu Zhanwei, Xie Huimin. Recent progress in residual stressmeasurement techniques[J]. Acta Mechanica Solida Sinica, 2013, 26(6): 570-583.

第2章 焊管的制造工艺与残余应力

管材按制造工艺可分为无缝钢管和焊接钢管两大类。无缝钢管采用轧制、拉拔、挤压或穿孔等方法生产，整根钢管无接缝。焊接钢管也称焊管，采用钢板/钢带经常温(或高温)卷制成型，在板边进行焊接连接而形成钢管。焊管按焊缝的空间形式可分为直缝焊管与螺旋焊管；按焊接方式可分为激光焊管、埋弧焊管、电阻焊管(高频、低频)、连续炉焊管、组合焊管等；按钢管端部形状可分为圆形焊管和异形(方形、矩形等)焊管；按壁厚不同分为薄壁焊管和厚壁焊管；按用途可分为矿用流体输送焊接钢管、低压流体输送用焊接钢管等[1]。

焊接钢管生产工艺简单，生产效率高，品种规格多，设备投资少。在初期，焊管的强度一般低于无缝钢管。20世纪30年代以来，随着优质钢带(板卷)连轧技术的迅速发展以及焊接和检验技术的进步，焊缝质量不断提升，焊接钢管的品种规格日益增多，并在越来越多的领域代替了无缝钢管，广泛应用于自来水工程、石油化工、电力、农业及城市建设等，主要应用领域包括液体输送(石油、给水、排水等)、气体输送(天然气、煤气、蒸气、液化石油气等)、结构制作(桥梁、码头、道路、建筑结构用管等)等。我国油气长输管道用钢管主要是螺旋缝埋弧焊钢管和直缝埋弧焊钢管。

2.1 油气输送焊管概述

管道运输石油天然气是一种经济、安全的输送方式。截至2018年上半年，全球在运营油气管道数量已超过3800条，总长度接近$240×10^4$km。其中天然气管道总长度超过$150×10^4$km，占60%以上，石油管道中2/3左右为原油管道。同时，随着偏远油气田、极地油气田、海上油气田和酸性油气田等的开发，油气管道工程面临着高压输送、低温、大位移、深海、酸性介质等恶劣环境的挑战。为了保证管道建设的经济性、安全性，长输管道的发展趋势为大口径、厚壁、高压输送；同时，管线钢与管线管需具有高强度、高韧性、耐蚀(SSCC、HIC、H_2S 及 CO_2 等)❶、抗大变形等优良性能，以及良好的焊接性及其他加工性能。石油工业的巨大市场及其对管线管的严格要求极大地促进了管线钢及管线管的发展[2-4]。

2.1.1 管线钢

管线钢是近30年来在低合金高强度钢基础上发展起来的。为了全面满足油气输送管道用钢的要求，在成分设计、冶炼、轧制工艺等方面采取了多种措施，从而自成体系。管线钢已成为低合金高强度钢和微合金钢领域最富活力、最具研究成果的一个重要分支。根据成分，管线钢可分为低碳(超低碳)Mn—Nb—Ti 系或 Mn—Nb—V(Ti)系，有的还加入 Mo、Ni 和 Cu 等元素[5]。现代冶金技术可使钢有很高的纯净度、均匀性和超细化的晶粒。超纯净钢冶炼技术包括铁水处理、脱硫、脱磷、转炉冶炼、炉外精炼(如 RH 真空循环脱气法)等。高均匀性的连铸技术包括连铸过程的电磁搅拌、连铸板坯轻压下技术等。此外，控制轧制、强制加速冷却使钢获得了优良的显微组织和超细晶粒。钢的各种强化手段中，晶粒细化是唯一能够既提高强度又提高韧性的强化手段。热机械控扎工艺(TMCP)可使微合金化管线钢的铁素体晶粒细化到 5μm，而对 TMCP 工艺进行改进，实施形变诱导铁素体相变(DIFT)，可进一步使铁素体晶粒细化到 1~2μm。TMCP+在线热处理工艺(回火)可使纳米级的(Nb、V、Ti)C 沉淀析出。与传统 TMCP 相比，新工艺生产的同钢级管线钢板材化学成分总量显著降低，即 C_{eq} 和 P_{cm} 降低，对改善焊接性能是有利的，也使不同厚度的板材可以采用相同的化学成分[6]。

典型管线钢的成分和力学性能见表 2.1 和表 2.2。

表 2.1 典型管线钢的化学成分

钢级	生产厂家	成分含量,%(质量分数)					其他元素	碳当量
		C	Mn	Mo	Ti	B		
X52	国产	0.08	1.17	0.012	0.07	—	Cu、Ni、Nb、V	0.15
X60	国产	0.07	1.33	0.008	0.024	—	Cu、Ni、Nb、V	0.15
X70 板卷	国产	0.053	1.55	0.25	0.016	0.0011	Cu、Ni、Nb、V	0.18
X80 钢板	国产	0.052	1.82	0.05	0.012	0.0003	Cu、Ni、Nb、V	0.19

❶ SSCC—硫化物应力腐蚀开裂；HIC—氢致开裂。

续表

钢级	生产厂家	C	Mn	Mo	Ti	B	其他元素	碳当量
X80 板卷	国产	0.036	1.91	0.25	0.016	0.0001	Cu，Ni，Nb，V	0.18
X80	日本钢铁控股工程公司欧洲钢管	0.04	1.76	0.14	0.010	0.0012	Cu，Ni，Nb，V	0.17
X100	日本钢铁控股工程公司欧洲钢管	0.07	1.90	0.17	0.018	0.0012	Cu，Ni，Nb，V	0.20
X120	新日本钢铁公司	0.041	1.93	0.32	0.020	0.0012	Cu，Ni，Cr，Nb	0.21

表 2.2　典型管线钢的力学性能

钢级	生产厂家	壁厚 mm	$\sigma_{t0.5}$ MPa	σ_b MPa	σ_s/σ_b	δ,%	CVN 试验 A_{KV}, J	CVN 试验 T,℃	DWTT 试验 S_A,%	DWTT 试验 T,℃
X52	国产	10.0	376	468	0.80	44.0	156	−20	—	—
X60	国产	8.7	428	541	0.79	42.4	228	−20	—	—
X70 板卷	国产	14.6	555	685	0.81	41	221	−20	100	−5
X80 钢板	国产	22.0	617	671	0.92	23.5	288	−10	96	0
X80 板卷	国产	18.4	634	712	0.89	24	342	−10	100	0
X80	日本钢铁控股工程公司欧洲钢管	16.9	594	765	0.78	28	187	0	100	0
X100	新日本钢铁公司	19.1	737	800	0.92	18	200	−20	85	20
X120	日本钢铁控股工程公司欧洲钢管	19.0	853	945	0.90	31	318	−30	75	−5

管线钢的组织结构是决定其性能的内在因素。目前，根据显微组织可将管线钢分为铁素体—珠光体管线钢、针状铁素体管线钢、超低碳贝氏体—马氏体管线钢、回火索氏体管线钢等。其微观组织形貌如图 2.1 所示。

(a) 铁素体—珠光体管线钢　　(b) 针状铁素体管线钢

(c) 超低碳贝氏体—马氏体管线钢　　(d) 回火索氏体管线钢

图 2.1　管线钢的微观组织[1]

2.1.2　管线管

为了提高输送效率，提高管道输送的经济性，管道的输送压力、管径和钢级不断增大。由于无缝钢管管径的限制，焊管得到了更加广泛的应用，在整条管道的投资中焊管的成本约占 1/3 以上。焊管的质量是决定管道整体水平的关键因素之一。焊管制造技术包括两个关键工序，即成型与焊接，这两个过程相互关联、密不可分。

目前，国内外油气输送管道用焊管的主要管型有直缝埋弧焊管（Submerged-Arc Longitudinal Welded Pipe，SAWL），螺旋缝埋弧焊管（Submerged-Arc Helical Welded Pipe，SAWH）和高频焊管（High Frequency Welded Pipe，HFW）。

SAWL 焊管按其成型方式主要有 UOE、JCOE 和 RBE 三种。UOE 的含义是将钢板在成型模具内按 U 成型—O 成型的顺序成型，焊后进行扩径（U-O-Expanding)。JCOE 的含义则是将钢板按 J 成型—C 成型—O 成型的顺序成型,焊后进行扩径(J-C-O-Expanding)。RBE 的含义是将钢板经三辊辊压弯曲成型,焊后进行扩径(Roll Bending-Expanding)。根据使用要求,这几类钢管也可不进行扩径。目前国外主要的长输管线主要采用 UOE 焊管,这是因为在 UOE 焊管生产过程中,钢板处于压缩状态,变形较为均匀,成型和焊接过程分开进行,焊接质量易于控制,钢管可靠性高。钢管经扩径后尺寸精度较高,便于现场对接施工,尤其是对海底管线更具优越性。UOE 焊管的不足是设备投资费用高,钢管直径受到钢板宽度的限制。

SAWH 焊管用于长输管线已有很长的历史,是我国长输管线的主要管型之一。SAWH 焊管在生产工艺方面表现了多方面的优越性,但与直缝焊管相比,螺旋焊管的主要缺点是焊缝较长,焊缝缺陷出现的概率高,尺寸精度较差,残余应力较大。所以,传统观念认为 SAWH 焊管的可靠性不如 SAWL 焊管。

近 10 年来,由于预精焊工艺或(和)管端机械扩径等工艺的应用,以及大量研究成果的应用,SAWH 焊管的质量水平和可靠性大大提高,实现了在钢级与规格满足设计要求时,SAWH 焊管与 SAWL 焊管的等同采用。

HFW 焊管主要是通过高频电流的趋肤效应和邻近效应使管坯边缘熔化,然后在挤压辊的作用下进行压力焊接。HFW 焊管的特点是没有外来填充金属,焊接热影响区小,加热速度快,生产效率高。由于热轧钢带质量的改进,以及焊接、热处理参数的计算机控制和在线检测自动化的实现,使 HFW 焊管的可靠性大为提高。目前,HFW 焊管在长输管线的应用逐步拓展。但是,受其制造工艺过程的限制,钢管的外径和壁厚不能太大。虽然某些 HFW 焊管的强度级别可达 X80,但通常情况下 HFW 焊管主要用于低压输送管道和支线中。

不同类型钢管的特点见表 2.3。

表 2.3 不同类型钢管的比较

对比参量	SAWL 焊管	SAWH 焊管	HFW 焊管	无缝钢管
坯料	钢板或钢带	钢带或钢板	钢带	实心圆坯
成型方式	单根间断	螺旋连续	辊式连续	穿孔延伸
焊接方式	自动埋弧焊	自动埋弧焊	高频焊	—
焊缝形态	纵向直缝	螺旋形	纵向直缝	—
焊缝长度	短	长	短	—
焊缝质量	高	较高	中	—

续表

对比参量	SAWL焊管	SAWH焊管	HFW焊管	无缝钢管
尺寸精度	高	一般	高	一般
表面质量	好	较好	好	一般
生产效率	较高	一般(二步法较高)	高	高
设备投资	高	低	较高	很高
生产成本	较高	一般	低	高
建设周期	较长	短	较短	长
适用范围	大中直径厚壁管	大中直径较薄壁管	中小直径较薄壁管	中小直径厚壁管

2.1.3 管线钢的焊接性

焊管的质量取决于焊接接头，而获得高质量焊接接头的基础是管线钢的焊接性。焊接性是管线钢最重要的性能之一，管线钢的发展历史也是其焊接性发展的过程。焊接性是指金属是否适应焊接加工而形成无缺陷的、具备优良使用性能的焊接接头的特性。焊接性主要包括两个方面的内容：其一是工艺焊接性，即材料在给定的焊接工艺条件下对形成焊接缺陷的敏感性，涉及焊接缺陷问题，如裂纹、气孔等；其二是使用焊接性，即材料在规定的焊接工艺条件下所形成的焊接接头适应使用要求的能力，如强度、韧性、疲劳性能与耐腐蚀性能等，涉及焊接接头的使用可靠性。管线钢的焊接性取决于管线钢及焊接工艺方法。

影响材料焊接性的因素很多，对于管线钢而言，可归纳为材料、设计、工艺及服役环境等四大因素。

材料因素不仅包括管线钢的化学成分、冶炼轧制状态、热处理状态、组织状态和力学性能等，还包括所采用的焊接材料，如焊条、焊丝、焊剂和保护气体的化学成分、力学性能等。

设计因素是指管线钢焊接结构设计的安全性，它不但受到材料的影响，而且在很大程度上还受到结构形式的影响。在管线钢焊接结构设计时应使接头处的应力处于较小的状态，能够自由收缩，这样有利于减小应力集中和防止焊接裂纹。接头处的缺口、截面突变、余高过大、交叉焊缝等都易引起应力集中，要尽量避免。不必要的增大母材厚度或焊缝体积，会产生多向应力，也应避免。

工艺因素包括施焊时所采用的焊接方法、焊接工艺规程(如焊接热输入、焊接材料、预热、焊接顺序等)和焊后热处理等。对于同一种管线钢,采用不同的焊接方法和工艺措施,所表现出来的焊接性有很大的差异。

服役环境因素是指管线钢焊接结构的工作温度、负荷条件(动载、静载、冲击等)和工作环境(化工区、沿海及腐蚀介质等)。一般而言,环境温度越低,管线钢结构越易发生脆性破坏。

管线钢的焊接性,既与管线钢本身的材质有关,也与焊接工艺条件有关。管线钢的供货状态及表面状态、焊接材料的选择、接头尺寸形状及焊接方法、焊接工艺参数(焊接电流、电压、焊接速度或线能量等)、预热、后热或焊后热处理以及环境条件等均属焊接工艺条件。所有这些因素发生变化都会影响管线钢的焊接性,因此,实践中必须严格控制焊接工艺条件。

分析研究管线钢焊接性的目的,在于查明管线钢在指定的焊接工艺条件下可能产生的问题及产生问题的原因,以确定焊接工艺的合理性或管线钢的改进方向。

直接模拟试验类焊接性评定方法一般是仿照实际焊接条件,通过焊接过程观察是否发生某种焊接缺陷或发生缺陷的程度,直观地评价焊接性的优劣,有时还可从中确定必要的焊接条件。焊接冷裂纹试验常用的有斜Y坡口对接裂纹试验、插销试验、拉伸拘束裂纹试验(TRC)、刚性拘束裂纹试验(RRC)等。焊接热裂纹试验常用的有可调拘束裂纹试验、菲斯柯(FISCO)焊接裂纹试验、刚性固定对接裂纹试验等。脆性断裂试验除低温冲击试验外,常用的还有落锤试验、裂纹张开位移试验(COD)、平面应变断裂韧度试验(K_{IC})等。再热裂纹试验有H形拘束试验、缺口试棒应力松弛试验、U形弯曲试验等。还可利用斜Y坡口对接裂纹试验或插销试验进行再热裂纹试验。应力腐蚀裂纹试验有U形弯曲试验、缺口试验、预制裂纹试验等。

使用性能试验类焊接性评定方法最为直观,它是将实焊的接头甚至产品在使用条件下进行各种性能试验,以试验结果来评定其焊接性。对于管线钢焊接性评定而言,不仅可以直接用钢管或管线钢做试验,也可以用试样做试验。属于这一类的方法主要有:焊缝及接头的拉伸、弯曲、冲击等力学性能试验,断裂韧性试验,低温脆性试验,耐蚀试验,疲劳试验,水压试验和爆破试验等。

间接推算法焊接性评定方法一般不需要焊出焊缝,而只是根据母材或焊缝金属的化学成分、金相组织、力学性能之间的关系,结合焊接热循环过程进行推测或评估,从而确定焊接性优劣以及所需的焊接条件。属于这一类的方法主要有:碳当量法、焊接裂纹敏感指数法、连续冷却组织转变曲线法、焊接热—

应力模拟法、焊接热影响区最高硬度法、焊接区断口金相分析等。

总体来说,管线钢是一种焊接性良好的高强钢,其冷裂、热裂和再热裂纹的敏感程度不高,高强度管线钢具有一定的冷裂倾向,可通过预热进行控制,热影响区具有一定的脆化倾向。

2.2 焊管的主要制造工艺及特点

2.2.1 螺旋缝埋弧焊管的制造工艺及特点

(1) 螺旋缝埋弧焊管的制造工艺。

螺旋缝埋弧焊管(SAWH)是将钢带(板卷)按设计的成型角[钢带(板卷)送进方向与管子中心线水平投影的夹角,即钢管螺旋焊缝与管子中心线投影的夹角,记为 α]通过成型机组螺旋成型,而后采用埋弧焊焊接方法连接制成的焊接钢管。螺旋缝埋弧焊管具有很长的生产和使用历史,广泛应用于油气输送管线的建设中。

从原材料钢带(板卷)出库进入拆卷机开始,经过二十几道生产工序,最后制成螺旋缝埋弧焊管成品,整个过程全部在机械化、自动化的生产线上连续完成,一步法生产流程如图2.2(a)所示,二步法生产流程如图2.2(b)所示。

螺旋缝埋弧焊管的整个生产过程可分为成型和精整两个阶段。从板卷开卷到切割机前各工序为成型阶段。成型阶段的主要工序有开卷—矫直—切头—焊头—切边(铣边)边缘清理—成型—螺旋缝内、外焊接—定尺切断。在成型阶段板卷经成型焊接后制成钢管坯。精整阶段的主要工序有管端定扩径、管端平头和开坡口、水压试验、超声波、X光工业电视检验和拍片、测长、称重等。经过精整阶段,得到合格的螺旋缝埋弧焊管成品。目前二步法(预精焊工艺)螺旋缝埋弧焊管生产方式是钢管的成型和预焊在钢管管坯阶段完成,钢管内外焊在第二阶段完成,即成型与焊接是分开进行的。一步法中成型机组的速度较高,而焊接速度较慢,影响了机组的生产效率,同时也影响了焊缝的质量。在二步法生产中精焊是在成型预焊之后独立进行的,为了提高生产效率,精焊时一般配备几组焊头设备,同时内外焊的焊头位置选择不再受到成型的影响,焊头的位置合适,单组焊头的焊速可以慢一些,焊缝质量也更优良。与成型角的摆动形式对应的螺旋焊管成型机组有两种,分别是前摆式成型机组和后摆式成型机组。成型角调整以钢管位置为调整对象的叫前摆式成型机组,以送进钢带为调整对象的叫后摆式成型机组。前摆式机组多用于单卷板卷的连续生产,它的特点是机组紧凑。后摆式机组便于增设活套或移动式对焊小车，从而实现多卷板卷不停机的连续生产，且生产较稳定。国内钢管厂 20 世纪 90 年代以前采用的多是后摆式成型机组，90 年代中后期为适应西气东输管线的建设，一些厂家安置了前摆式成型机组。

(a) 一步法

(b) 二步法

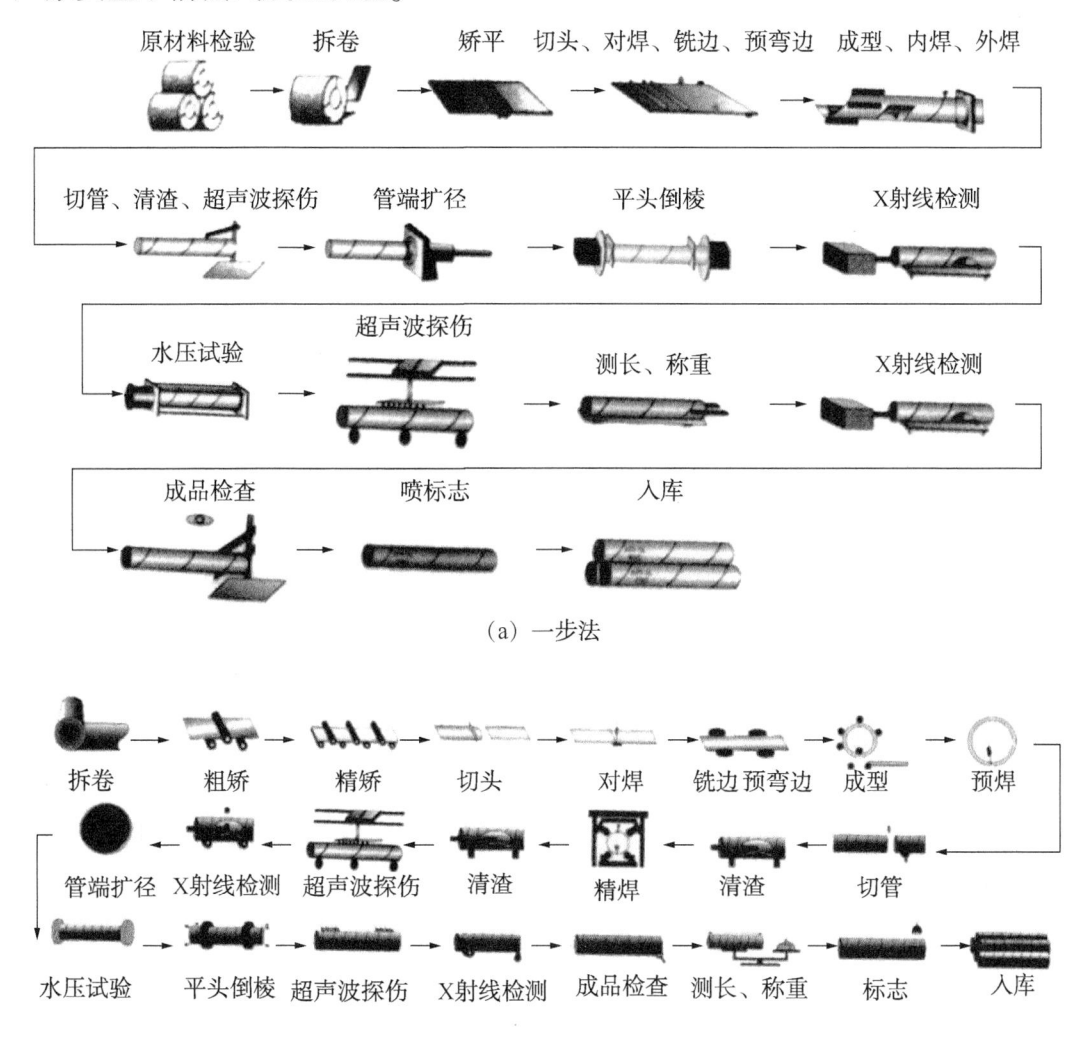

图 2.2　螺旋缝埋弧焊管的生产流程[1]

(2) 螺旋缝埋弧焊管焊接工艺特点。

① 焊接过程连续进行。螺旋缝埋弧焊管的生产过程中，成型和焊接是在自动生产线上一次完成的。因此，要求焊管机组必须能够长时间地连续稳定运行。其中焊接电源应具有良好可靠的系统稳定性和抗电网波动能力，以保证焊接过程中主要焊接工艺参数如焊接电流、电压的稳定和电弧的连续稳定；螺旋

焊管的成型过程必须稳定、均匀、连续，为焊管生产提供稳定的焊接速度和焊接间隙；选用大型焊丝盘，使用寿命长的焊接配件，如焊丝导轮、导电嘴等；采用焊剂自动供给和回收装置，保障焊剂的连续供给。在生产过程中，尽量做到在线取样、更换焊接配件、处理设备等，减少停车次数。

② 焊缝动态结晶成型。螺旋缝埋弧焊管的最佳焊接位置如图2.3(a)所示。焊接由内焊和外焊两部分组成，分别由内焊和外焊两个埋弧焊机组完成。先焊接内焊缝，后焊接外焊缝，焊接的位置，内焊在下部，外焊在上部，两者相差约半个螺距。焊接时，焊接机头位置固定，即内、外焊点位置不变，而成型管坯随着成型过程旋转并直线移动。由于钢管的旋转和送进，焊缝熔池金属的结晶是在空间位置变化的状态下进行的。为保证焊缝良好的成型和防止熔化金属的流溢，如图2.3所示，当钢管以顺时针方向旋转时，内焊点位置在时钟位置6点至6点半之间；外焊点位于11点到11点半的位置。具体位置将根据生产时钢带(板卷)递送速度，也就是焊接速度确定，以保证焊接熔化金属结晶时基本处于水平位置。此外，通过调整内外焊丝倾角，保证获得理想的内外焊焊接成型系数。内焊的熔深控制在板厚的58%~62%范围，焊缝的熔宽控制在板厚的1.0~1.1倍。外焊缝的熔深应在板厚的70%左右，以确保焊透。

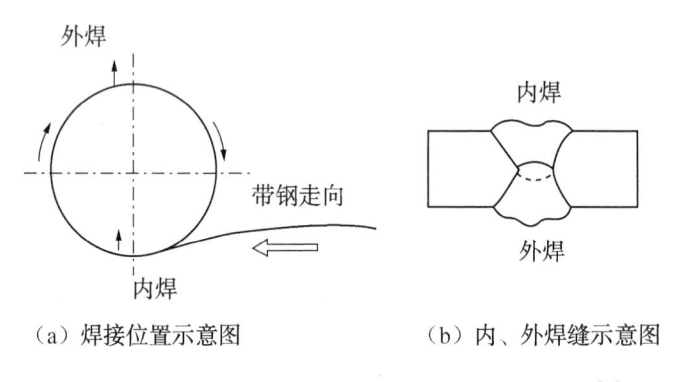

(a) 焊接位置示意图　　(b) 内、外焊缝示意图

图2.3　螺旋缝埋弧焊管焊接位置与焊缝成型[1]

③ 较高的焊接速度和多丝焊接。目前我国螺旋缝埋弧焊管生产线上最常使用的焊接速度是1.0~1.5m/min，先进的焊管技术可使焊接速度达3m/min以上。对于大直径、厚壁螺旋缝埋弧焊管的焊接，国内外多采用双丝或多丝焊的焊接方法。

④ 预精焊工艺。可使管坯的成型工艺和钢管的内、外焊的焊接工艺分开进行，克服了一步法生产中成型咬合点附近可能产生焊接裂纹的缺点。同时成型速度可更快，预焊采用气体保护焊，焊速可达到3~6m/min。

⑤ 焊丝与焊剂的典型匹配见表2.4。

表2.4 典型螺旋缝埋弧焊焊接材料的匹配[1]

钢材牌号	焊丝牌号	焊剂牌号
低碳钢 Q195，Q215，Q235	H08，H08A	HJ430，HJ 431，HJ 432
低碳钢 Q195A，Q215A，Q235A	H08MnA	HJ 433，HJ 434
低合金钢 16Mn，16MnCu	H08A，H08MnA	HJ 431，HJ 433
管线钢 X42~X52	H08A，H08MnA	HJ433，SJ101
管线钢 X56~X70	H08C，H08MnMoA	SJ101，SJ101-G 1#
管线钢 X80~X100	H08C，H08	SJ101-G 1#，BGSJ101-G 2#

⑥ 焊接工艺参数。螺旋缝埋弧焊管的主要焊接工艺参数包括焊接电流、焊接电压、焊接速度、焊丝伸出长度、电极极性和导电嘴的位置等，典型参数见表2.5。

表2.5 典型螺旋埋弧焊钢管焊接工艺参数[1]

钢管规格	电弧	焊丝位置	焊接电流，A	焊接电压，V	焊接速度 m/min
529×7(X60)	单弧	内焊	480~510	31~32	1.6
		外焊	750~800	32~33	
1216×18.4 (X80)	双弧	内焊	1#：1350；2#：380	1#：33；2#：33	1.6
		外焊	1#：1480；2#：480	1#：34；2#：36	
1422×15.3 (X100)	三弧	内焊	1#：1080；2#：700；3#：470	1#：33.5；2#：35；3#：38	1.7
	双弧	外焊	1#：1220；2#：440	1#：33；2#：36	

（3）螺旋缝埋弧焊管的特点。

① 焊缝受力条件好。螺旋缝埋弧焊管单位长度上的焊缝长度是直缝焊管的$1/\cos\alpha$倍，并以成型角α沿钢管长度分布，这就使焊缝避开了主应力方向，并将钢管承受内压时的径向应力分解到比直缝焊管长$1/\cos\alpha$倍的焊缝上。在承受内压时，螺旋焊缝所受的合成应力是直缝焊管焊缝的75%~90%，如成型角为40°时螺旋焊缝受力仅为直焊缝的83%。

② 钢管直径受钢带(板卷)宽度的限制小。螺旋焊管在成型时通过成型角

的变化，既可以用不同宽度的钢带(板卷)生产出同一直径的钢管，也可用同一宽度的钢带(板卷)生产出不同直径的钢管。钢带(板卷)宽度 B、成型角 α 和钢管直径 D 之间的几何关系为：

$$B = \pi D \cos\alpha \tag{2.1}$$

③ 生产过程易于实现机械化、自动化和连续化。管端扩径工艺的采用使管端尺寸精度可达到直缝焊管管端精度的要求。

④ 单位长度焊缝较长，产生缺陷的概率大；成型后无整体冷扩径，内部存在较大的残余拉应力，尺寸偏差较大。

⑤ 采用二步法生产可使生产效率提高，焊缝质量更优。

2.2.2 直缝埋弧焊管的制造工艺及特点

(1) 直缝埋弧焊管成型方式。

直缝埋弧焊管(SAWL)按其成型方式主要有 UOE、JCOE 和 RBE 焊管三种，其中以前两种最为常见，其一般生产工艺包括钢管管坯成型、预焊、内外焊接、扩径、外观检查、管端加工、无损检验、水压试验、取样、称重、尺寸检查和钢管标志等。

① UOE 焊管的成型工艺及特点。

首先进行钢板板边加工、平整和弯边，然后在成型机内先压成 U 型，然后再弯曲成 O 型，预焊点固焊缝，内外焊后进行冷扩径及后续工序，如图 2.4 所示。UOE 焊管具有如下特点：每种规格钢管的生产都需要更换模具；焊接过程与成型过程分离，为非连续性的单根生产；可生产厚壁钢管，如 X80 焊管目前最大壁厚可达 40mm 左右；在钢管长度相同时焊缝长度较螺旋缝埋弧焊管短，焊缝产生的缺陷少；产量高，一台 UOE 机组的产量一般相当于 2~4 台螺旋焊管机组的总产量；采用扩径工序使钢管强度和尺寸精度提高；设备较螺旋焊管机组庞大，投资高；最大直径受钢板宽度的限制。

② JCOE 焊管的成型工艺及特点。

JCOE 焊管是将钢板按 J 成型—C 成型—O 成型的顺序成型，然后先预焊，再内外焊，焊接后进行扩径及后续工序。JCOE 焊管和 UOE 焊管相同之处是每道工序都在压力机上完成，但其调型操作技术要求高，钢板成型加工时在 JCO 成型机组上占位时间长，加工效率相对较低，操作人员较多。由于不需要大型的液压机，设备投资较低，模具也较少。JCOE 焊管的生产流程如图 2.5 所示。

第2章 焊管的制造工艺与残余应力

图 2.4 UOE 焊管的生产流程

（超声波探伤 → 铣边 → 预弯边 → U成型 → O成型 → 预焊 → 内焊 → 外焊 → 超声波探伤 → X射线检测 → 扩径 → 水压试验 → 平头倒棱 → 超声波探伤 → X射线检测 → 管端磁粉检测 → 成品检查 → 入库）

图 2.5 JCOE 焊管的生产流程

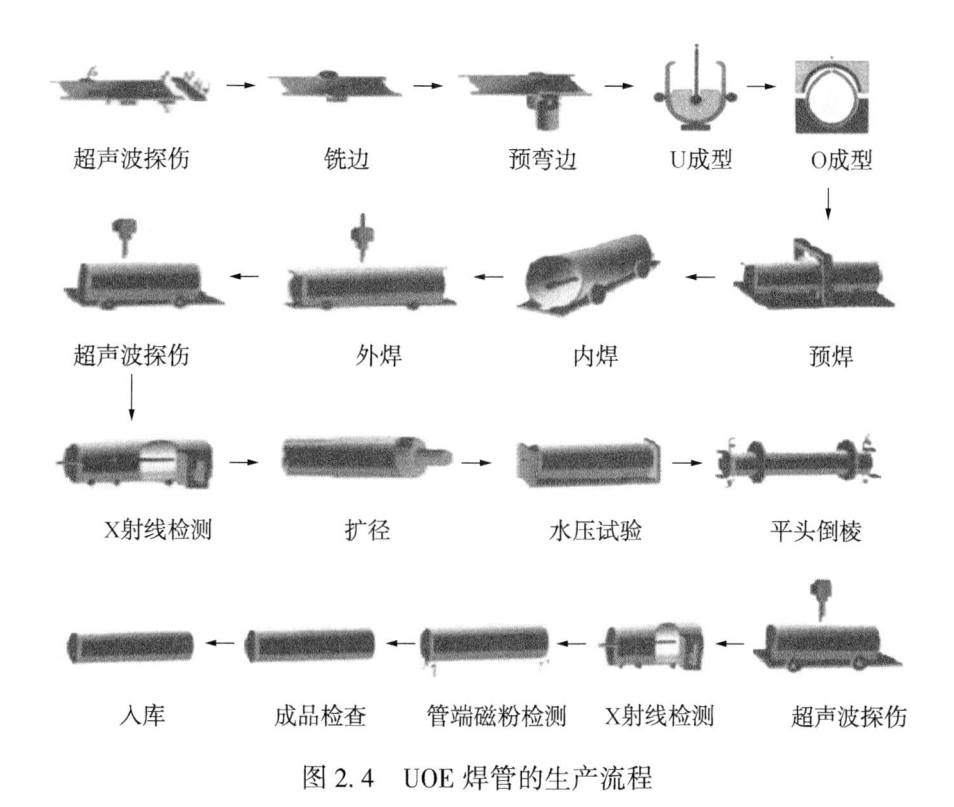

（超声波探伤 → 铣边 → 预弯边 → J成型 → C成型 → O成型 → 预焊 → 内焊 → 外焊 → 超声波探伤 → X射线检测 → 扩径 → 水压试验 → 平头倒棱 → 超声波探伤 → X射线检测 → 管端磁粉检测 → 成品检查 → 入库）

③ RBE 焊管的成型工艺及特点。

RBE 焊管是采用三辊弯板机将钢板辊压弯曲成型，焊接后进行扩径及后续工序。常规机组生产设备相对简单、重量轻、投资少，生产重要产品的机组自动化配备较高，设备也较昂贵。机组有变换产品规格灵活的优点，钢管生产长度受成型辊长度和刚度的限制。这种成型方法适合于生产小批量、多规格的钢管。核电机组用管和海洋深水下的打桩管强度高，壁厚可达 100mm 左右，可采用 RBE 机组生产。厚板焊接采用多丝多层埋弧焊，特厚板需要采用电渣焊，焊后需对焊缝进行热处理。钢管生产可采用单张钢板也可用板卷，还可用多层钢板卷制。RBE 焊管的生产流程如图 2.6 所示。

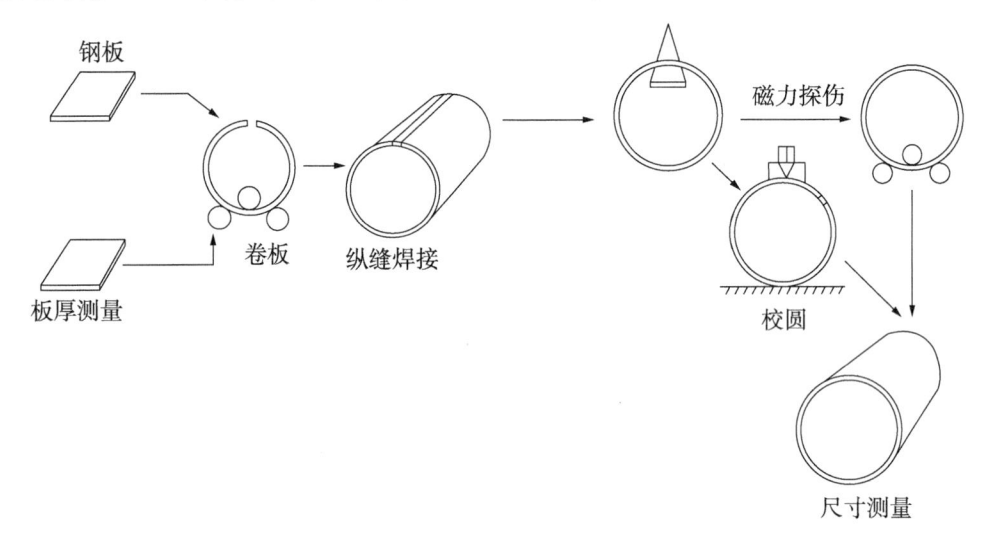

图 2.6　RBE 焊管的生产流程[1]

（2）直缝埋弧焊管的焊接工艺特点。

直缝埋弧焊管的成型和焊接是分开进行的，焊接分为预焊和埋弧焊焊接两道工序。

① 预焊。

预焊时管坯被固定在设有焊缝压紧机构的型套或型框内使板边保持平直，错边符合要求，板边紧贴或保持缝隙均匀。预焊可分为间断预焊和连续预焊。间断预焊是每隔一定间隔连续焊 100mm 左右，连续预焊是在管坯沿全长施焊。预焊后的焊道表面需要清理焊渣或其他杂物。预焊多采用 CO_2+Ar 或 CO_2+Ar+O_2 或其他气体保护自动焊，预焊焊缝修补时，常采用手工电弧焊。

② 埋弧焊。

预焊后的埋弧焊在专用的焊接装置上进行，先内焊后外焊。直缝埋弧焊管的内焊方式有两种：一是将钢管固定，焊机的焊头移动；另一种是将焊机的焊头固定，管坯沿直线移动。外焊大多数采用焊头固定，管坯沿直线移动的方法完成。埋弧焊的最大特点是采用双丝或多丝焊工艺，有的还采用多丝双层焊工艺，对特厚钢板也可采用电渣焊工艺。多丝焊的焊丝排列一般采用纵列式，即两根或三根焊丝沿焊接方向顺序排列。焊接过程中每根焊丝所用电流和电压各不相同，在焊缝成型过程中所起的作用也不相同。一般前导的电弧用于获得足够的熔深，采用直流反接，后续的交流电弧用于填充坡口焊缝，调节熔宽和改善焊缝成型。

③ 焊接材料与焊接工艺参数。

直缝埋弧焊焊接材料、焊接工艺参数与螺旋缝埋弧焊的焊接材料基本相同。典型厚壁钢管的焊接工艺规范见表2.6，钢管钢级为X70、直径为756mm、板厚为31.8mm，内、外坡口角度为70°，钝边尺寸为10mm，内坡口深度为10mm，间隙为0mm。

表2.6 X70 ϕ756mm×31.8mm 直缝焊管焊接工艺参数

焊接位置	焊丝	电流 A	电压 V	极性	焊丝角度 (°)	焊丝间距 mm	焊接速度 m/min	线能量 kJ/cm
内焊	1	1100	30	直流反接	−15		1.4	52.6
	2	950	34	交流	−5	20		
	3	850	36	交流	10	19		
	4	700	38	交流	25	20		
外焊	1	1100	30	直流反接	−15		1.4	51.8
	2	950	35	交流	0	20		
	3	800	38	交流	15	19		
	4	600	40	交流	25	20		

2.2.3 高频焊管的制造工艺及特点

（1）高频焊管的制造工艺。

在高频焊管生产过程中，成型和焊接两个工艺是紧密联系在一起的。高频焊管机组的主要生产过程如图2.7所示。生产中，板卷经过拆卷、矫直、对接后，连续辊式成型，然后在高频电流的集肤效应和邻近效应作用下，钢板接缝边缘区域集中产生电阻热并使金属熔化,在挤压辊的压力作用下形成焊接接头。一条自动化程度很高的高频焊管机组,可满足成型、焊接及精整等各工序的需要[1,2]。

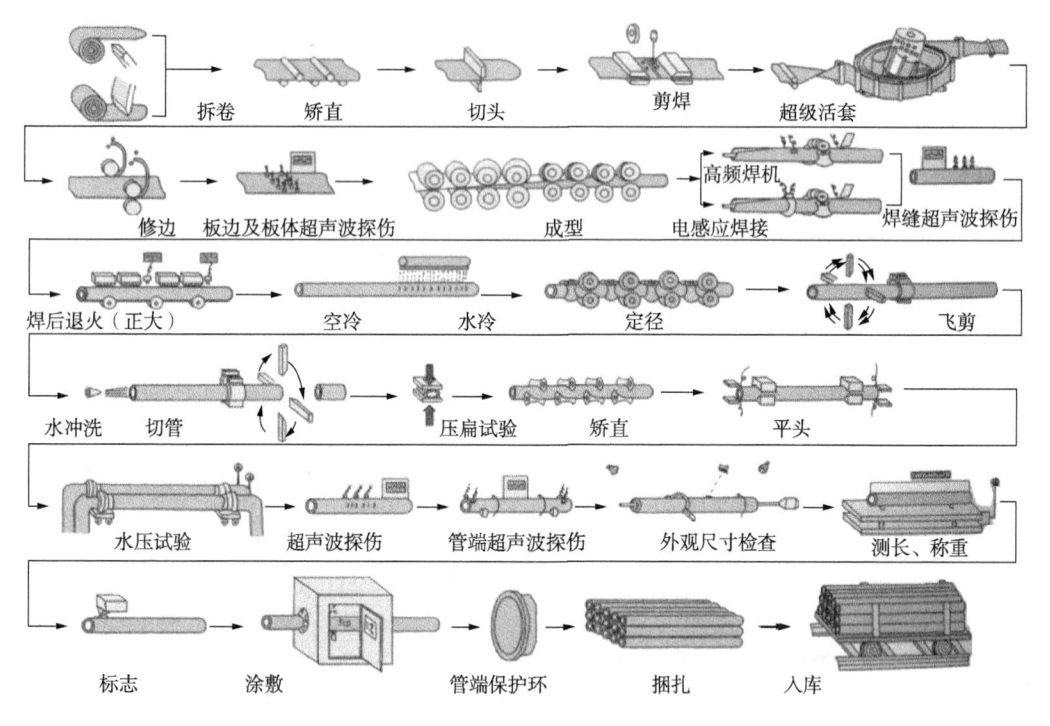

图 2.7 高频焊管的主要生产过程

(2) 高频焊的特点。

高频焊管焊接的基本原理是将频率在 200~450kHz 的高频电流,采用电极接触(接触焊)或感应圈(感应焊)的方法(其基本原理如图 2.8 所示),使管筒边缘产生高频电流,利用高频电流的集肤效应和邻近效应,将电流高度集中在管筒边缘的待焊合面上,依靠金属自身的电阻,将管筒边缘的待焊合面迅速加热至焊接温度,再在挤压辊的挤压下完成压力焊接。在中、大型焊管生产中,因感应焊的无效电流引起的能量损失较大,使高频电能利用率和焊接效率大为降低,所以一般都采用接触焊,随着技术的进步,近来感应焊也被用来焊接较大壁厚较大直径的钢管。

高频焊管的工艺参数主要是钢板工作宽度、高频电焊机的功率、频率、焊速、开口角、挤压力、热处理温度、水冷却温度和定径量等。高频电焊机的功率是由钢管规格和壁厚决定的,功率与焊接速度之间关系为:

$$P = K_1 K_2 tbv \tag{2.2}$$

式中 P——高频电焊机功率,kW;

t——钢管壁厚，mm；
b——钢板两边加热区宽度，一般为 10mm，mm；
v——焊接速度，m/min；
K_1——与钢板材质有关的修正系数；
K_2——与管径有关的修正系数。

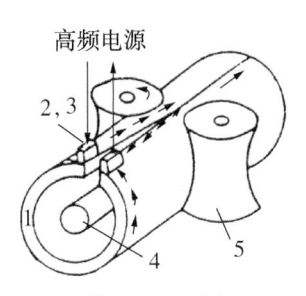

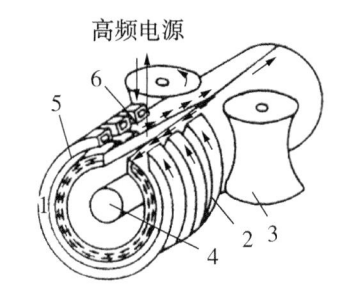

1—管坯；2—电极；
4—阻抗器；5—挤压辊

（a）接触焊

1—管坯；2—感应器；3—挤压辊；
4—阻抗器；5—循环电流；6—感应电流

（b）感应焊

图 2.8 接触焊和感应焊的基本原理

高频电阻焊加热速度快、生产效率高。由于电流能量高度集中于焊接区，管筒的焊接边缘在极短的时间内（百分之几秒至十分之几秒）加热到焊接所需要的温度，焊接速度快。例如，我国引进的 426 机组，焊接速度的范围为 15~45m/min。高频电阻焊属于压力焊范畴，焊接时无需外来填充金属，是本体材料之间的结合，避免了焊接材料选材以及焊接材料与母材金属的冶金化学反应等问题。因而不仅适用于碳钢的焊接，也适用于合金钢和不锈钢等多种金属材料的焊接。此外，由于焊接速度高，工件自冷作用强，故焊接热影响区小，且不易发生氧化，可获得具有较好组织和性能的焊缝。钢管的壁厚均匀、表面质量好，但外径和壁厚会受到工艺过程的限制。目前，HFW 焊管的管径大多在 711mm 以下，壁厚约在 20mm 以下。

2.3 焊管主要制造工艺过程中的残余应力

焊管中的残余应力是在焊管制造过程中由于塑性成型、焊接等过程产生的，按应力的空间方向分为周向残余应力、轴向残余应力及径向残余应力，如图 2.9 所示。对于油

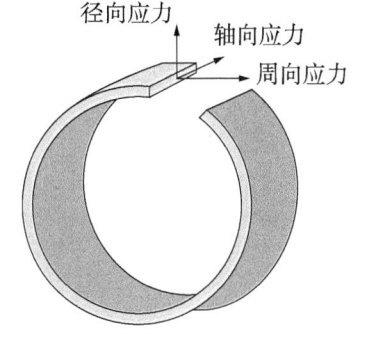

图 2.9 焊管中的残余应力示意图

气输送用大口径钢管,径厚比较大,一般认为这种薄壁圆筒结构处于平面应力状态,因此,径向(板厚方向)应力一般很小,主要研究对象为周向应力及轴向应力[7]。

2.3.1 板卷卷取及校直过程的残余应力

螺旋焊管由钢带(板卷)制成,如图2.10所示。在热轧钢带(板卷)卷取过程中,板卷内部的应力分布对板卷卷取质量有着举足轻重的影响,也是判断板卷是否会出现滑移、板卷是否会发生塌卷、松卷等缺陷的重要依据。

当板厚较小时,可忽略板厚造成的影响,板卷力学模型如图2.11所示,可将其视为平面轴对称问题,板卷的平衡方程为[8]:

$$r\frac{d\sigma_r}{dr}+\sigma_r-\sigma_\theta=0 \tag{2.3}$$

式中 r——板卷半径,mm;
σ_r——径向应力,MPa;
σ_θ——周向应力,MPa。

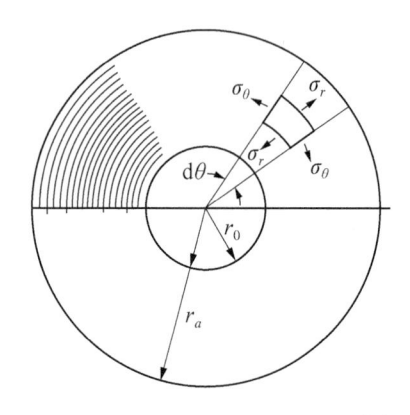

图2.10 热轧板卷　　图2.11 薄板板卷力学模型[8]

径向应变 ε_r、周切向应变 ε_θ 与位移 u 的关系为:

$$\begin{cases}\varepsilon_r=\dfrac{du}{dr}\\ \varepsilon_\theta=\dfrac{u}{r}\end{cases} \tag{2.4}$$

板卷的应变与应力的关系为:

$$\varepsilon_r=\frac{\sigma_r-\mu\sigma_\theta}{E}+\varepsilon_n+\alpha_1 T \tag{2.5}$$

$$\varepsilon_\theta = \frac{\sigma_\theta - \mu\sigma_r}{E} + \alpha_2 T \tag{2.6}$$

其中
$$\varepsilon_n = \sigma_r / E_n$$

式中　E——钢材的弹性模量，MPa；

　　　μ——钢材的泊松比；

　　　ε_n——每层钢带相互接触时引起的附加应变；

　　　α——板卷径向及切向热膨胀系数，℃$^{-1}$；

　　　T——温度，℃。

令钢带弹性模量 E 与板卷径向压缩系数 E_r 的比值为：

$$m = \frac{E}{E_r} \tag{2.7}$$

则平衡方程为：

$$\frac{\partial^2 u}{\partial r^2} + \frac{1}{r}\frac{\partial u}{\partial r} - m\frac{u}{r^2} - (1+\mu)\alpha\frac{\partial T}{\partial r} - (1-\mu)\alpha T = 0 \tag{2.8}$$

根据板卷的温度场即可求得位移分布函数，从而获得应变分量及应力分量。

当板厚较大时，板厚造成的影响不可忽略，每一圈都会形成如图 2.12(a) 所示的形式[9]，板卷力学模型微元受力分析如图 2.12(b) 所示，即在热轧板卷卷取过程中，如果不考虑钢带的变形，每一圈钢带从头部到尾部其内半径都增加了一个钢带厚度，即在一圈内板卷半径增加了一个钢带厚度。每一圈钢带的这种行为反映到整个板卷上体现的就是板卷截面为一个螺旋曲线，可以用阿基米德螺旋线来表示。其中 p_{ij} 为卷取第 j 个单元体时第 i 个单元体对 $i-n$ 个单元体的压应力；q_{ij} 为卷取第 j 个单元体时第 i 个单元体对 $i-n$ 个单元体的切向应力；τ_{ij} 为卷取第 j 个单元体时第 i 个单元体与 $i-n$ 个单元体的摩擦应力；ρ_{ij} 为卷取第 j 个单元体时第 i、第 $i-1$、第 $i-n$ 和第 $i-n-1$ 等 4 个单元体交界处钢带的极径。

根据图 2.12(b) 中单元体的周向静力平衡方程、径向静力平衡方程、径向和周向物理方程、几何方程及边界条件，可建立平衡式：

$$p_{ij}\left[\left(1-\frac{v_2}{2}\right)\rho_{ij} + \frac{v_2}{2}\rho_{(i+nj)}\right] - p_{(i+nj)}\left[\frac{v_2}{2}\rho_{ij} + \left(1-\frac{v_2}{2}\right)\rho_{(i+nj)}\right]$$
$$= E_2(\rho_{(i+nj)} - \rho_{ij}) \times [\rho_{ij} + \rho_{(i+1)j} + \rho_{(i+n)j} + \rho_{(i+n+1)j} - \rho_{01i} + \rho_{01(i+1)} + \rho_{01(i+n)} + \rho_{01(i+n+1)}] \times$$
$$\frac{1}{\rho_{01i} + \rho_{01(i+1)} + \rho_{01(i+n)} + \rho_{01(i+n+1)}}$$

$$\tag{2.9}$$

(a) 单圈形式　　　　　　　(b) 微元受力分析

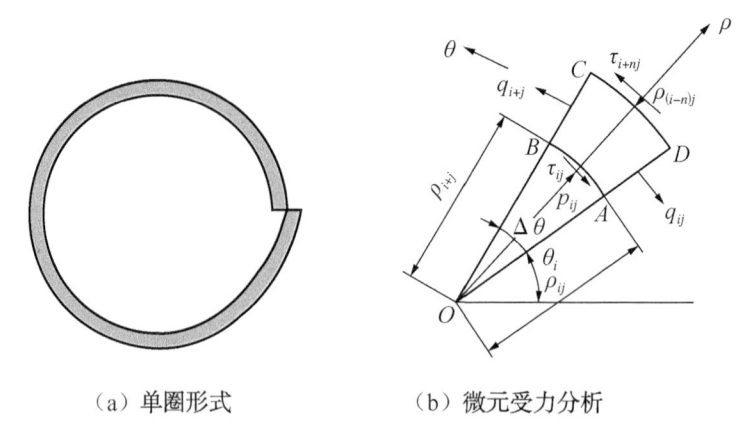

图 2.12　厚板板卷力学模型[9]

在给定当前极径 ρ_{ij} 初始值的条件下，即可递推出板卷径向应力分布。

X70 板卷的卷取温度一般为 500~600℃[10]，X80 板卷的卷取温度一般为 380~500℃[11]，X100 板卷的卷取温度一般为 300~350℃[12]，X120 板卷的卷取温度一般低于 400℃，即卷取温度均低于钢材的塑性温度（T_P）。因此，在卷取过程中材料具有一定的强度，如 X70 板卷在卷取温度为 500℃ 时的强度约为 300MPa，故随着卷取变形过程的发生，板卷内会存在一定的内应力。

图 2.13 为 X70 板卷在 500℃，550℃ 和 600℃ 卷取时板卷长度方向应力随卷取过程的变化。可以看出，0~6.53s 的空冷阶段内钢带的热应力很小。之后的水冷阶段内钢带的上表面与冷却水接触温度下降很快，热应力迅速增大。卷取温度为 600℃ 和 550℃ 时，钢带相变量很小，应力主要是温降引起的热应力，表现为拉应力。卷取温度为 500℃ 时，温降引起的热应力为拉应力，最大可达 225MPa。随着冷却的进行，贝氏体相变产生了组织应力，其方向与热应力相反，最大可达-350MPa。随着相变的继续进行，组织应力发生反向。加之由于相变使温度升高，从而温差减小热应力减小。卷取温度为 600℃ 和 550℃ 时，钢带中部上表面的最终应力状态均为压应力，大小分别为 -6.6MPa 和-30.3MPa；而卷取温度为 500℃ 时，钢带中部的应力为 7.7MPa[8]。

可见，在卷取工艺合适的情况下，板卷内的残余应力水平并不高。但由于卷取过程发生了塑性变形，因此，拆卷后钢带为弯曲状态，必须经过校直都能用于制管。X70 ϕ1016mm×14.6mm SAWH 焊管生产时板卷校直后的残余应力如图 2.14 所示。可以看出内外表面均出现了残余拉应力，内表面的残余应力水平约为 200MPa，外表面的残余应力水平约为 100MPa，应力分布较为均匀。

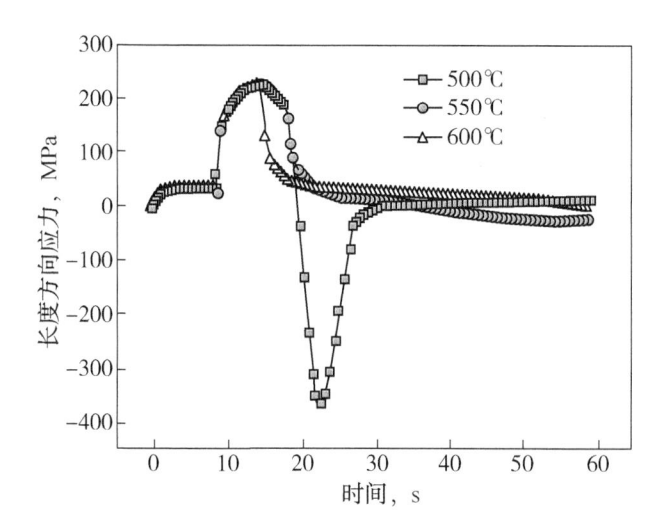

图 2.13　应力随卷取过程的变化[8]

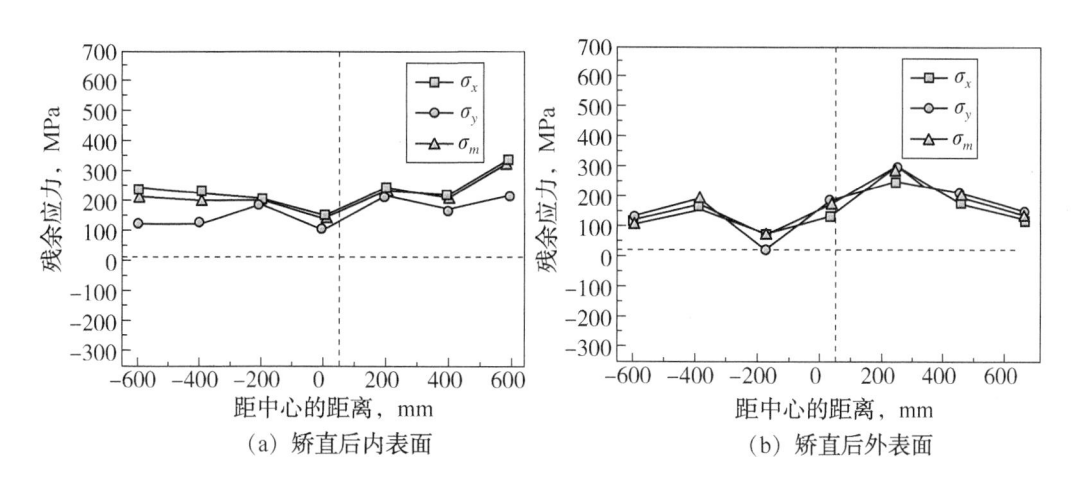

(a) 矫直后内表面

(b) 矫直后外表面

图 2.14　钢带校直后的残余应力[1]

2.3.2　焊管成型产生的残余应力

（1）SAWL 焊管成型残余应力。

UOE 焊管与 JCOE 焊管均为直缝焊管，在成型过程中板料通过弯曲成型，如图 2.15 所示。下面以 UOE 焊管为例来说明 SAWL 焊管成型残余应力的形成过程。

UOE 焊管的成型过程如图 2.15(a) 所示，U 成型和 O 成型均可看作是一个板料的弯曲过程。以下主要分析弯曲过程的应力。

由于板料宽厚比(B/t)很大，可按平面应变问题处理，宽度方向应变为 0。

(a) UOE焊管

(b) JCOE焊管

图 2.15 直缝焊管成型过程

在弹塑性弯曲时,弹性变形成分沿厚度方向是非线性分布的,回弹时不能完全恢复,存在残余变形及残余应力。微元弯曲过程如图 2.16(a)所示,力的平衡方程为:

$$d\sigma_\rho = (\sigma_\theta - \sigma_\rho)\frac{d\rho}{\rho} \quad (2.10)$$

平面应变条件下的 Mises 屈服条件为:

$$\sigma_\theta - \sigma_\rho = \frac{2}{\sqrt{3}}\bar{\sigma} \quad (2.11)$$

故

$$d\sigma_\rho = \int \frac{2}{\sqrt{3}}\bar{\sigma}\frac{d\rho}{\rho} \quad (2.12)$$

边界条件为:在外表面 $\rho = R$ 处,$\sigma_\rho = 0$;在内表面 $\rho = r$ 处,$\sigma_\rho = 0$。则对于理想刚塑性材料,屈服后等效应力 $\bar{\sigma}$ 为等效应变 $\bar{\varepsilon}$ 的函数,即 $\bar{\sigma} = f(\bar{\varepsilon})$,径向应力 σ_ρ、切向应力 σ_θ 及轴向应力 σ_b 分别为:

$$\sigma_\rho = \begin{cases} \dfrac{2}{\sqrt{3}}\sigma_s \ln \dfrac{\rho}{R} & (\rho_0 < \rho < R) \\ -\dfrac{2}{\sqrt{3}}\sigma_s \ln \dfrac{\rho}{R} & (r < \rho < \rho_0) \end{cases} \quad (2.13)$$

$$\sigma_\theta = \begin{cases} \dfrac{2}{\sqrt{3}}\sigma_s \left(1-\ln \dfrac{\rho}{R}\right) & (\rho_0 < \rho < R) \\ -\dfrac{2}{\sqrt{3}}\sigma_s \left(1-\ln \dfrac{\rho}{R}\right) & (r < \rho < \rho_0) \end{cases} \quad (2.14)$$

$$\sigma_b = \dfrac{1}{2}(\sigma_\theta + \sigma_\rho) \quad (2.15)$$

在弯曲过程中 ρ_0 为几何中性层半径，ρ_σ 为应力中性层半径，ρ_ε 为应变中性层半径，其相互之间的关系如图 2.16(b) 所示。其中应力中性层半径可根据径向应力在该处的连续条件获得。

$$\rho_\sigma = \sqrt{Rr} \quad (2.16)$$

变形前后体积不变条件为：

$$\dfrac{1}{2}LtB = \dfrac{1}{2}(R^2 - \rho_0^2)\alpha B \quad (2.17)$$

由此可得几何中性层半径 ρ_0：

$$\rho_0 = \sqrt{\dfrac{R^2 + r^2}{2}} \quad (2.18)$$

塑性变形后应变中性层（曲率半径为 ρ_ε）的长度不变，即 $L = \alpha\rho_\varepsilon$（$\alpha$ 为弯曲角度，ρ_ε 为弯曲半径），以 $R = r + \eta t$ 代入，可得：

$$\rho_\varepsilon = \left(r + \dfrac{1}{2}\eta t\right)\eta \quad (2.19)$$

其中，η 为材料减薄系数，其值取决于相对弯曲半径 r/t，对于大口径薄壁圆筒可取 $\eta = 1$。

板料弯曲过程中的应变量为：

$$\varepsilon_\theta = \dfrac{t}{2\rho_\varepsilon} \quad (2.20)$$

其中既有弹性应变 $\varepsilon_{\theta e}$ 也有塑性应变 $\varepsilon_{\theta p}$，弹性应变及塑性应变分别为：

$$\varepsilon_{\theta e} = \frac{Mt}{2EI} \quad (2.21)$$

$$\varepsilon_{\theta p} = \frac{t}{2\rho'_\varepsilon} \quad (2.22)$$

式中　ρ'_ε——回弹后应变中性层半径[图2.16(c)]，mm。

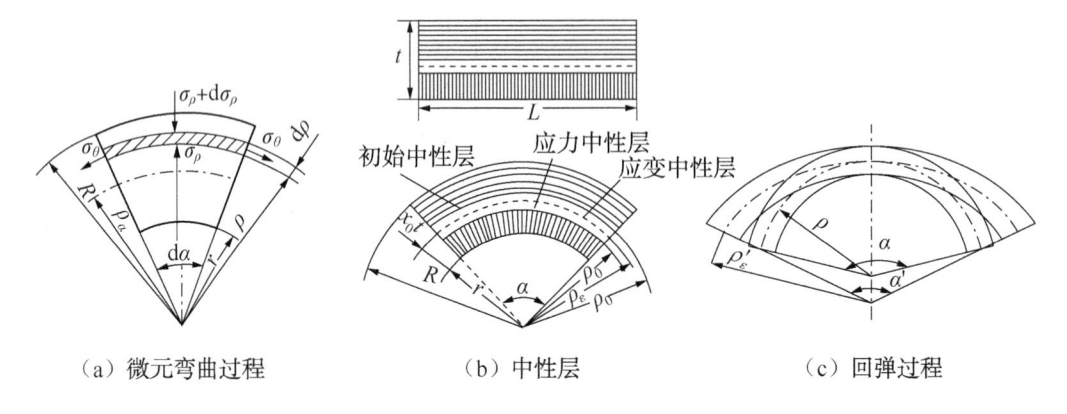

（a）微元弯曲过程　　　（b）中性层　　　（c）回弹过程

图 2.16　弯曲成型及回弹

因为弹性应变与塑性应变的和为总应变，即 $\varepsilon_{\theta e} + \varepsilon_{\theta p} = \varepsilon_\theta$，因此有：

$$\frac{1}{\rho'_\varepsilon} = \frac{1}{\rho_\varepsilon} - \frac{M}{EI} \quad (2.23)$$

式中，I 为截面惯性矩。

$$I = \frac{Bt^3}{12} \quad (2.24)$$

M 为加载时的弯矩，可根据加载应力[式(2.14)]通过积分确定：

$$M = \int_r^R \sigma_\theta (\rho - \rho_\sigma) B d\rho \quad (2.25)$$

模具卸载后发生回弹，如图2.16(c)所示，残余应变为式(2.22)所示的塑性应变，通过胡克定律即可获得回弹后的残余应力 σ'，即：

$$\sigma' = E\varepsilon_{\theta p} = \frac{Et}{2\rho'_\varepsilon} \quad (2.26)$$

图2.17为弯边、U成型及O成型回弹过程中的几何分析，在已知板料性能、板料尺寸、模具几何尺寸、卸载回弹后的几何尺寸的条件下，根据式(2.26)可获得成型后残余应力。

通过以上分析可知，U成型和O成型后的残余应力与材料性能、焊管尺寸和摩擦条件等均有关，是一个非常复杂的问题，通常用数值模拟方法来分析这

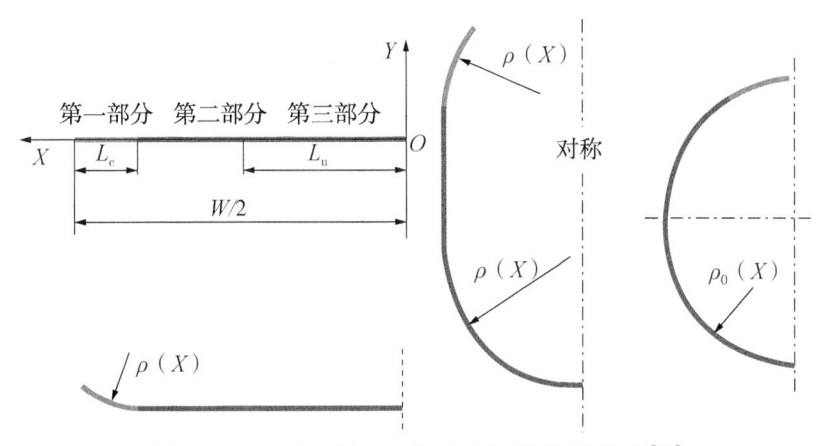

图 2.17　U 成型和 O 成型过程的分析模型[13]

类问题。图 2.18[14]为某 X70 钢级、ϕ609.6mm×32.33mmUOE 焊管成型扩径过程中的应力变化，可以看出每一次成型回弹后的等效残余应力水平远低于材料的屈服强度。图 2.19[15]对 X80 钢级、ϕ1016mm×22.8mmUOE 焊管成型焊接扩径过程中的等效塑性应变进行了研究，弯边后最大等效塑性应变为 3.03%，U 成型后最大等效塑性应变为 3.40%，O 成型后最大等效塑性应变为 4.62%，焊接过程产生的最大等效塑性应变为 4.62%，扩径过程产生的最大等效塑性应变为 5.55%。

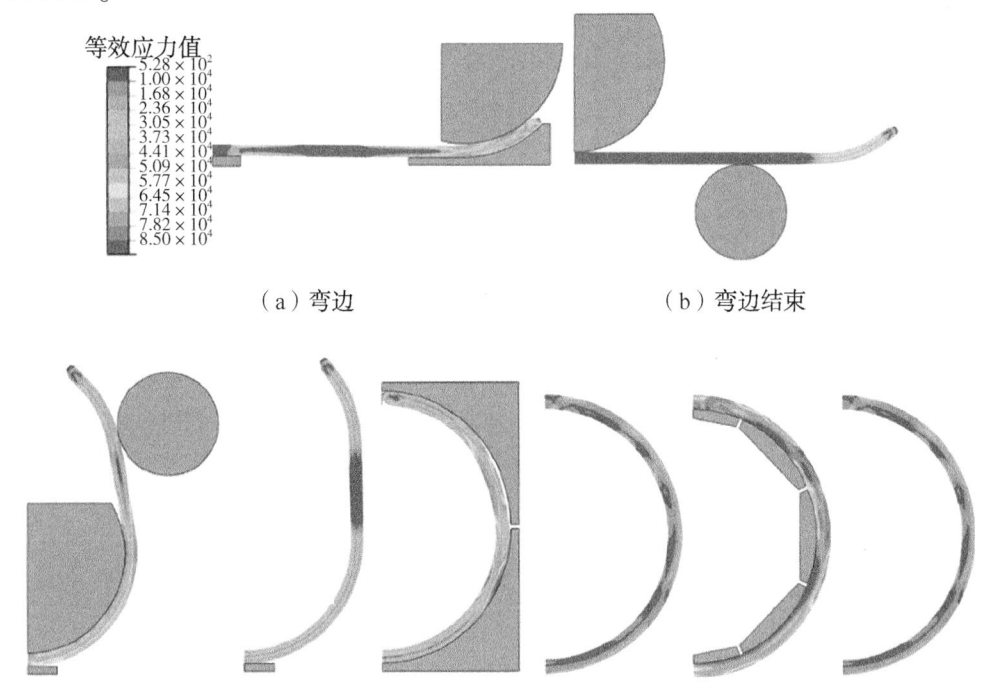

（a）弯边　　　　　　　　（b）弯边结束

（c）U 成型　（d）U 成型结束　（e）O 成型　（f）O 成型结束　（g）E 扩径　（h）E 扩径结束

图 2.18　UOE 焊管成型扩径后的应力变化[14]

(a) C 成型结束

(b) U 成型结束

(c) O 成型结束

(d) 焊接结束

(e) 扩径结束

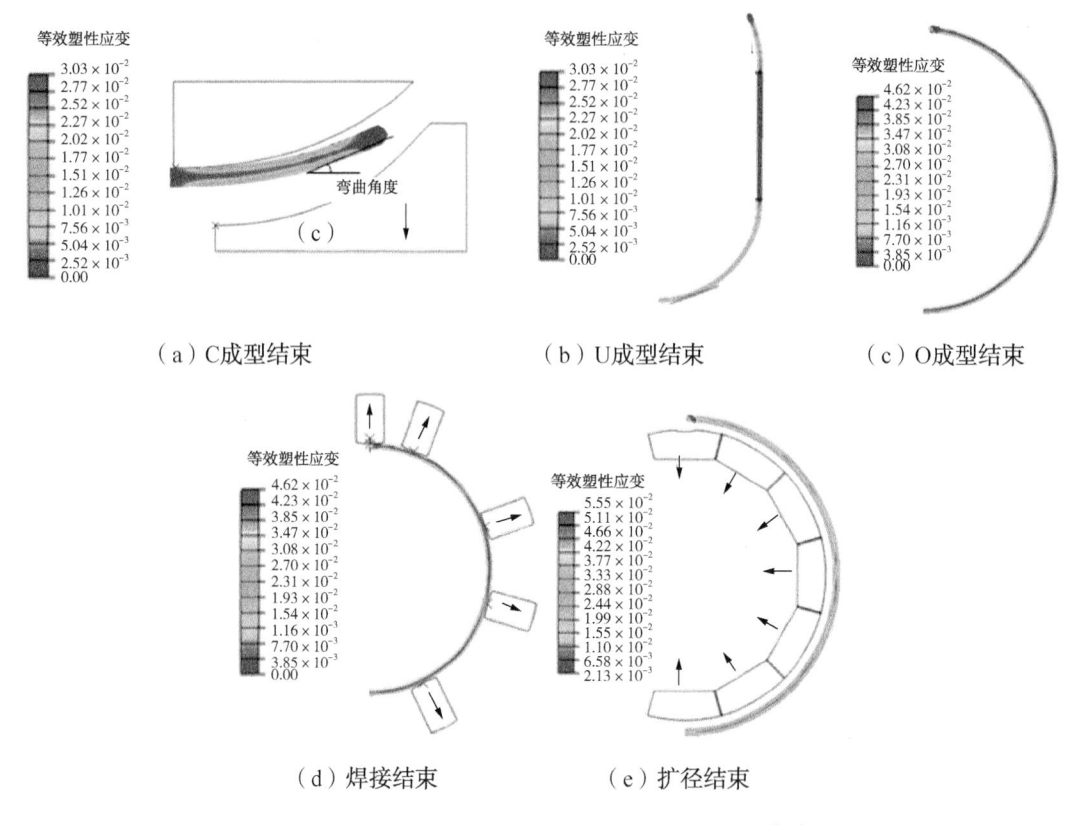

图 2.19　UOE 焊管成型扩径后的应变变化[15]

（2）SAWH 焊管成型残余应力。

螺旋焊管的成型也是一个板料弯曲的过程，其弯曲位置与板料的长度方向成一定角度 α（成型角），如图 2.20(a)所示。板料在 0#~8# 辊的作用下，先后经历了预弯、辊弯、定径三个过程，如图 2.20(b)所示。由 0# 辊、1# 辊控制成型参数 R_{1z}，形成的过渡弧为 AC。预弯与定径是螺旋焊管成型过程中的主要工序，主要目的是解决管坯的弹复问题。因此，成型预弯与定径之间需要有一个合适搭配才能得到理想的钢管管坯[16]。预弯时由 1# 辊、2# 辊和 3# 辊控制成型参数 R_{2z}，形成的预弯弧为 CG。定径的主要目的是为了得到更加精确的管坯直径，定径弧为 G 点后的圆弧，由 4# 辊~8# 辊控制成型参数 R_{3z}。A，C 和 G 分别为板料与圆弧、圆弧与圆弧的相切点。

螺旋焊管的调型通过调整 0# 辊~8# 辊的位置、载荷的大小来实现，调整的结果可能出现图 2.21 所示的 4 种情况。

等量预弯时，预弯弧（R_{2z}）与定径弧（R_z）的半径相等，预弯中心（O_2）与定径中心（O_D）同心，管坯即弹复弧（R_{3z}）为正弹复（向外弹开），且处于最大状

(a) 成型角

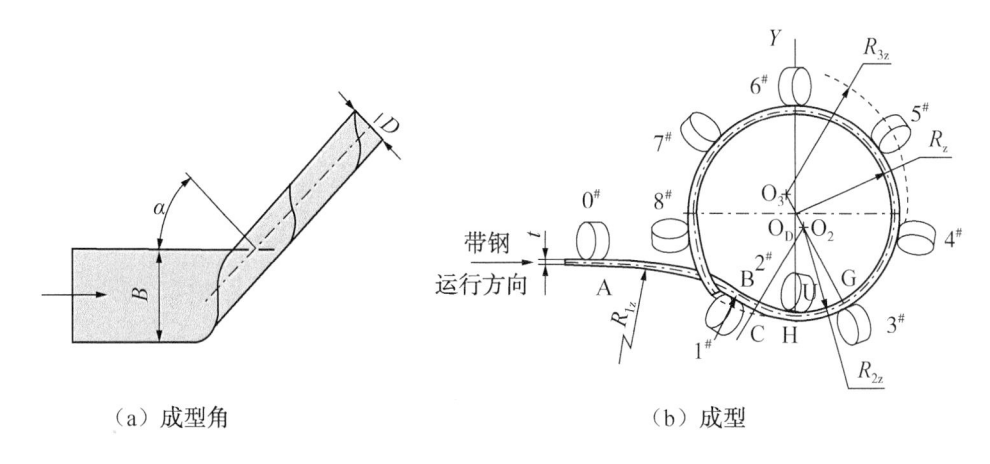

(b) 成型

图 2.20 SAWH 焊管的成型过程

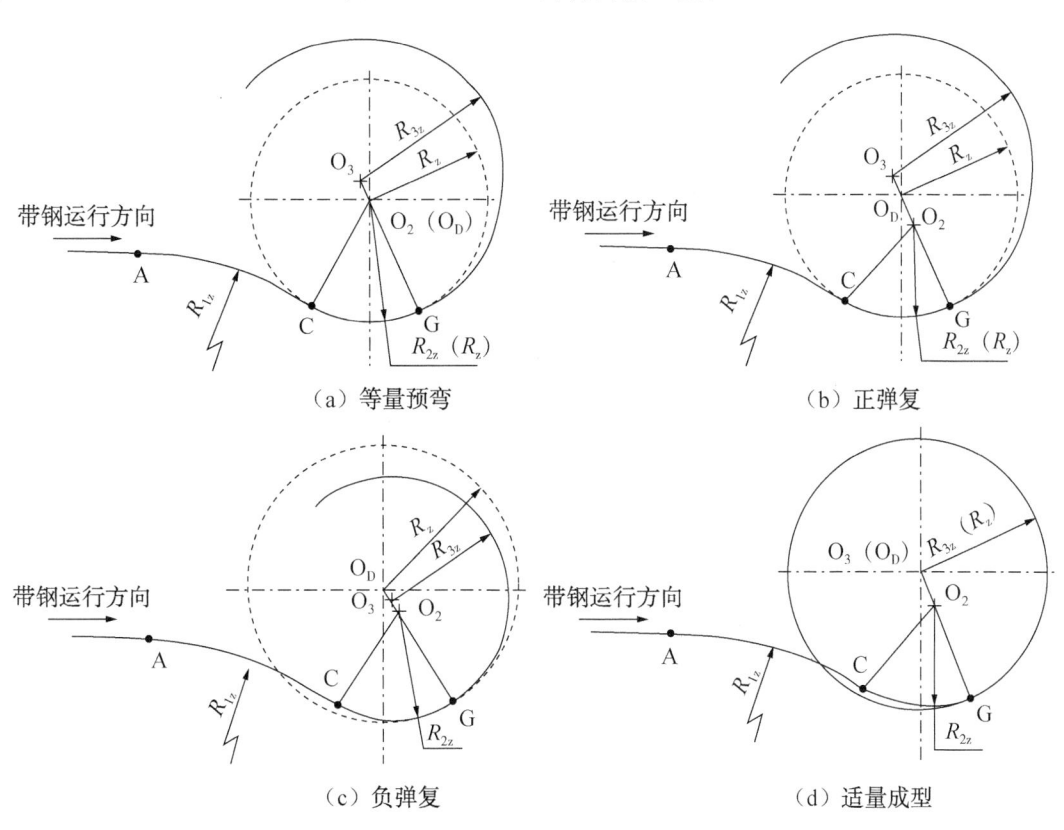

(a) 等量预弯

(b) 正弹复

(c) 负弹复

(d) 适量成型

图 2.21 SAWH 焊管成型过程中的应变变化[16]

态。R_{2z}，R_{3z} 和 R_z 所对应的弧在 G 点相切。

正弹复时，预弯弧(R_{2z})的半径小于定径弧(R_z)的半径，管坯(R_{3z})的弹复量为正值，即向外弹开，弹复量小于等量预弯。R_{2z}，R_{3z} 和 R_z 所对应的弧在 G 点相切。

负弹复时，预弯弧(R_{2z})的半径也小于定径弧(R_z)的半径，且小于正弹复时预弯弧(R_{2z})的半径，管坯(R_{3z})的弹复量为负值，即向内弹开。R_{2z}，R_{3z}和R_z所对应的弧在G点相切。

适量成型时，弹复弧(R_{3z})与定径弧(R_z)的半径相等，弹复中心(O_3)与定径中心(O_D)重合。R_{2z}，R_{3z}和R_z所对应的弧在G点相切。

当管坯以适量成型方式成型时，弹复后的管坯半径R_{3z}与定径弧半径R_z相等，管坯内无成型应力。当管坯以等量预弯方式成型时，为了获得管坯半径R_z，须将弹复弧的半径压小至R_z，因此，管坯内表面存在压应力。正弹复成型时，正弹复量小于等量预弯，压应力水平较低。负弹复成型时，为了获得管坯半径R_z，须将弹复弧的半径增大至R_z，因此管坯内表面存在拉应力。

目前生产线上普遍采用的低应力焊管的成型方式为三辊弯板过量成型+微阻力控制的方法，阻力控制通过0#辊~8#辊的压力及辊型调整，焊垫辊在成型过程中也起到了重要作用。焊垫辊的高度增大，可使管坯直径增大[17]。

UOE焊管生产时所经历的U成型、O成型、焊接及扩径等工序是分别独立完成的，工序之间的间隔允许管坯发生充分的弹复。而螺旋焊管的成型过程是连续进行的，且焊接位置处于图2.20(b)中HG之间，使得管坯无法实现自由弹复。因此，成型应力被保留在焊管中，使得螺旋焊管中的周向残余应力水平高于同规格的UOE焊管。从图2.20(a)可知，螺旋焊管的轴线与板料长度方向有一定夹角，因此，其弹复方向与管子的轴线一般也存在一定的夹角。这样管坯的弹复产生的力将作用在管子的周向及轴向，因此，螺旋焊管的轴向残余应力也高于同规格的UOE焊管[18]。图2.22为某SAWH焊管残余应力的测试结果，当2#辊的压下量较大时，焊管的内表面存在高值拉应力。

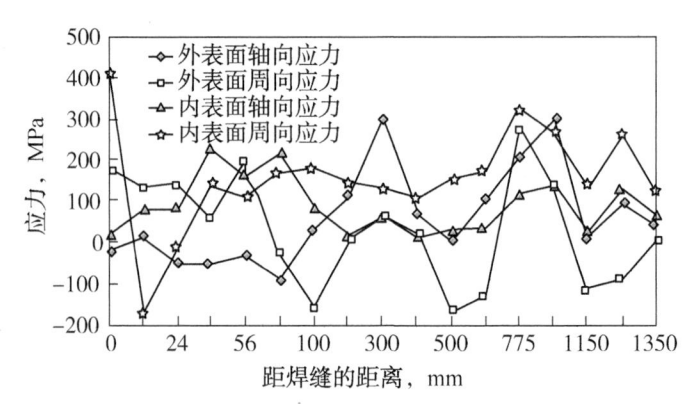

图2.22　SAWH焊管残余应力分析曲线[18]

2.3.3 焊接产生的残余应力

一般钢板平板对接焊时残余应力的分布如图 1.1 所示，焊缝中心为高值拉应力，焊接接头两侧为压应力。当焊接接头处在冷却过程中发生低温相变时，焊缝处也可能出现压应力，如图 1.11 所示。焊接残余应力的水平及分布与材料力学性能、相变特性、焊接热输入、结构拘束度等因素有关，如图 2.23 所示。

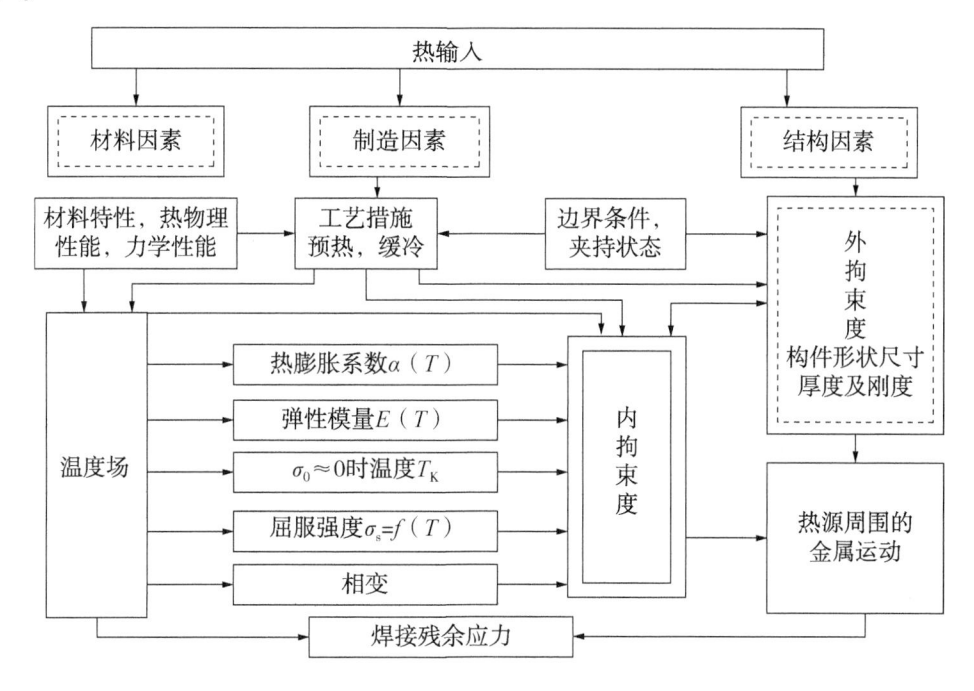

图 2.23 影响焊接残余应力的因素[19]

焊接残余应力是多种因素交互作用的结果。一般地材料的线胀系数越高，残余应力越大；热输入越高，残余应力峰值越大，拉应力范围越广；拘束度越大，残余应力峰值越高；预热温度越高，残余应力越低。熔化焊的残余应力最大，电阻焊次之，钎焊的残余应力较低。不同材料焊接残余应力的峰值及分布如图 2.24(a) 所示。钢材的焊接残余应力接近或高于屈服强度，而铝合金和钛合金等有色金属的焊接残余应力低于屈服强度。材料的屈服强度越高，残余应力水平越高。采用同质材料进行焊接时，焊缝内存在高值拉应力；采用会发生低温相变的材料焊接时，焊接接头的残余应力分布状态取决于相变的范围及程度。如图 2.24(b) 所示，采用铁素体材料焊接高合金钢时，焊缝为压应力；而采用不锈钢材料焊接高合金钢时，焊缝存在低值拉应力。

(a) TIG焊接头残余应力峰值

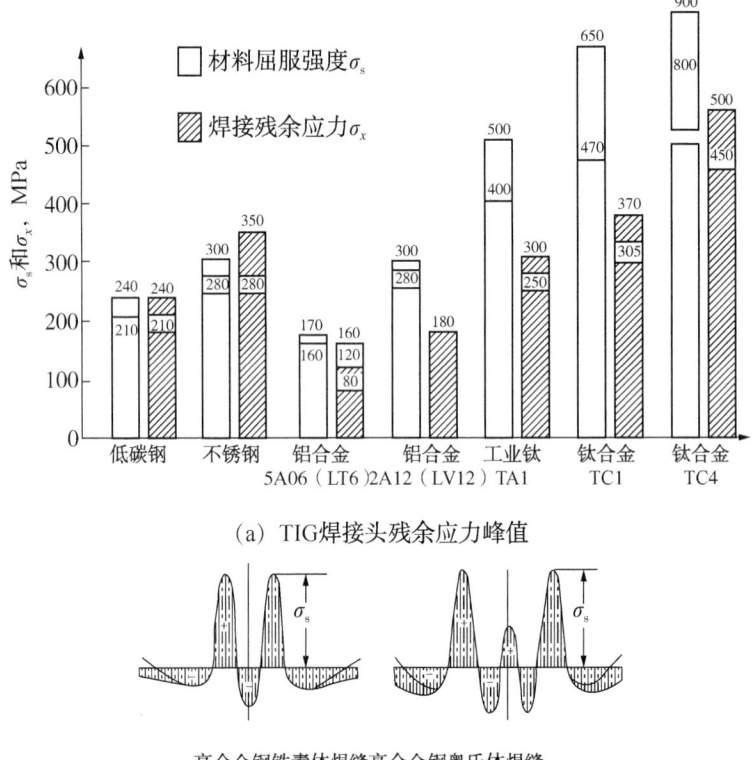

(b) 接头的残余应力分布

图 2.24　不同材料的焊接残余应力[19]

焊管的焊接是一个非均匀加热过程，必然产生热应力及焊接残余应力。该残余应力与材料性能、管体几何尺寸、焊接工艺等均有关。按管体的几何特征将残余应力定义为切向残余应力、轴向残余应力。板厚方向的残余应力即径向残余应力，当壁厚较小时可以忽略。图 2.25 为焊管纵缝焊接产生的残余应力，可以看出该应力的分布范围为 $w+6\sqrt{rt}$，其中 w 为焊缝宽度，r 为焊管半径，t 为壁厚；无论是单面 V 形坡口，还是双面 V 形坡口，外表面的残余应力均高于内表面，均为拉应力。图 2.26 为钛合金薄壁管纵缝焊接残余应力，其内表面、外表面的轴向残余应力均为拉应力。

焊管纵缝焊接产生的焊接残余应力与焊管几何尺寸有关，如图 2.27 所示。当径厚比较小时，焊缝位置的周向残余应力出现典型的外表面受拉、内表面受压的状态。随着径厚比增大，焊管内表面的周向压应力逐渐降低，外表面的拉应力区逐渐减小，周向残余应力沿厚度方向分布更均匀。轴向残余应力峰值随径厚比的变化不大。焊缝内大部分区域的残余应力超过了材料的屈服强度。

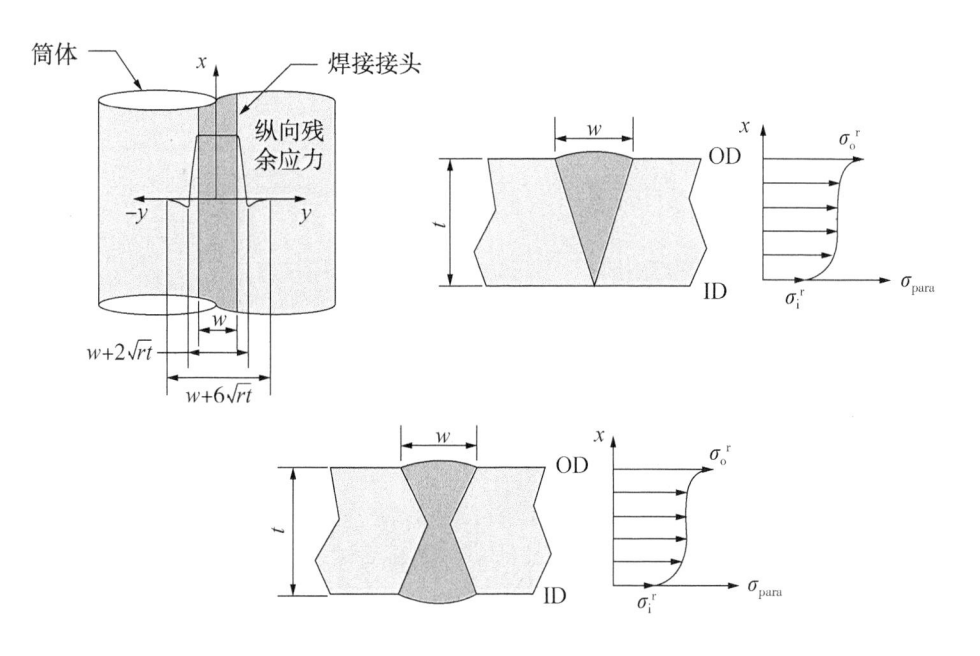

图 2.25 焊管焊接产生的残余应力[20]

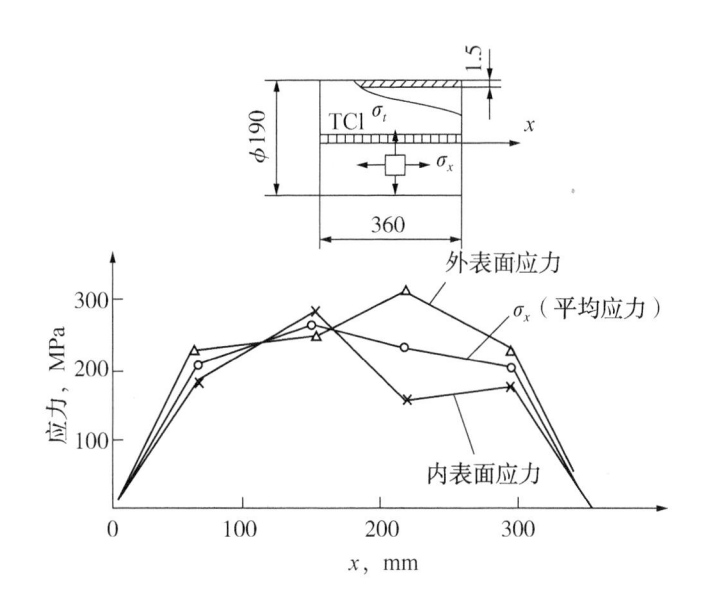

图 2.26 薄壁管的轴向焊接残余应力[19]

螺旋焊管的焊缝方向与管体轴线呈一定角度，焊缝中心位置的内、外表面切向焊接残余应力均为拉应力，外表面的峰值略高于内表面；近缝区为压应力，远离焊缝的区域基本不受焊接过程的影响，如图 2.28 所示。

(a) 轴向　　　　　　　(b) 周向

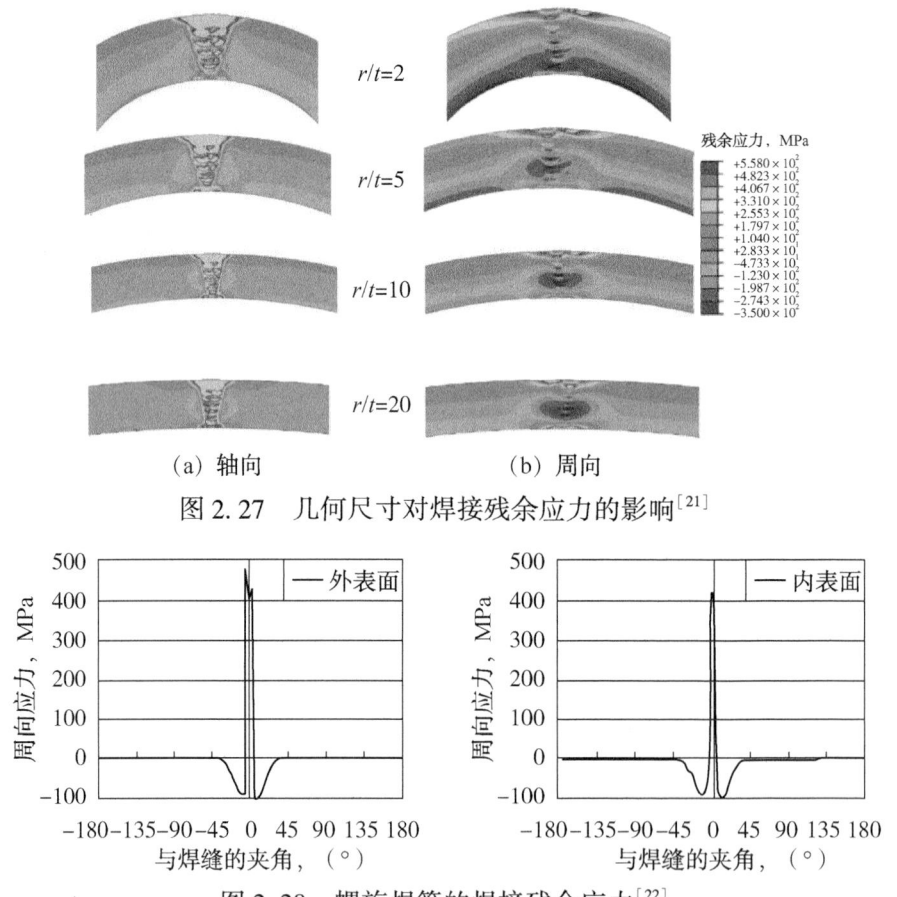

图 2.27　几何尺寸对焊接残余应力的影响[21]

图 2.28　螺旋焊管的焊接残余应力[22]

2.4　小结

本章简要介绍了管线钢的特点及其焊接性，油气输送用焊管的主要类型；较为详细地介绍了直缝埋弧焊管、螺旋缝埋弧焊管、高频焊管的生产工艺，主要制造工艺(成型、焊接)的特点；分析了焊管在主要制造工艺过程，如板卷卷取及校直、不同焊管的成型、焊接中残余应力的来源及产生原因。结果表明，焊管残余应力的分布状态与应力水平取决于管坯卷取工艺、焊管成型方式及成型参数、焊接方法及工艺参数等。

参　考　文　献

[1] 毕宗岳. 管线钢管焊接技术[M]. 北京：石油工业出版社, 2013.

[2] 辛希贤. 管线钢的焊接[M]. 西安：陕西科学技术出版社, 1997.

[3] 张骁勇, 高慧临. (B+M/A)大变形管线钢及 HOP 技术[M]. 北京：中国石化出版

社，2018.

[4] 王三云. 国外大口径直缝埋弧焊管生产技术发展概况[J]. 2000，23(6)：53-58.

[5] 高慧临. 组织性能焊接行为[M]. 西安：陕西科学技术出版社，1995.

[6] 李鹤林. 油气输送钢管的发展动向与展望[J]. 焊管，2004，27(6)：1-11.

[7] 李霄，熊庆人，石凯，等. 焊管残余应力研究进展及展望[J]. 焊管，2009，32(7)：12-16.

[8] 孙蓟泉，连家创. 钢卷冷却过程中的热应力[J]. 燕山大学学报，1998，22(3)：222-224.

[9] 白振华，司红鑫，周庆田，等. 热轧带钢卷取过程中钢卷内部应力模型的研究[J]. 机械工程学报，2014，50(2)：110-115.

[10] 余伟，卢小节，陈银莉，等. 卷取温度对热轧X70管线钢层流冷却过程残余应力的影响[J]. 北京科技大学学报，2011，33(6)：721-726.

[11] 程政，缪成亮，朱腾威，等. X80M管线钢热轧板卷取温度的优化[J]. 机械工程材料，2018，42(3)：33-37.

[12] 冯金玉，唐荻，赵征志. 卷取温度对X100管线钢组织和性能的影响[J]. 材料热处理学报，2014，35(1)：141-145.

[13] Zou Tianxia, Wu Guanghan, Li Dayong, et al. A Numerical Method for Predicting O-forming Gap in UOE Pipe Manufacturing[J]. International Journal of Mechanical Sciences, 2015, 98：39-58.

[14] Herynk M D, Kyriakides S, Onoufriou A, et al. Effects of the UOE/UOC Pipe Manufacturing Processeson Pipe Collapse Pressure[J]. International Journal of Mechanical Sciences, 2007, 49：533-553.

[15] Ren Qiang, Zou Tianxia, Lia Dayong, et al. Numerical Study on the X80 UOE Pipe Forming Process[J]. Journal of Materials Processing Technology, 2015, 215：264-277.

[16] 白忠泉. 螺旋焊管的成型技术[J]. 焊管，2004，27(3)：48-59.

[17] 王坤显. 低结构应力螺旋焊管成型调整探讨[J]. 焊管，2005，34(2)：26-29.

[18] 李霄，熊庆人，石凯，等. 成型过程对焊管残余应力的影响[J]. 机械工程材料，2010，34(5)：94-97.

[19] 宋天民. 焊接残余应力的产生与消除[M]. 2版. 北京：中国石化出版社，2010.

[20] API 579-1/ASME FFS-1 2007 Fitness-For-Service[S].

[21] Song Shaopin, Dong Pingsha. A Framework for Estimating Residual Stress Profile in Seam-weldedpipe and Vessel Components Part I：Weld Region[J]. International Journal of Pressure Vessels and Piping, 2016, 146：74-86.

[22] Khalid Nasim, Arif A F M, Al-Nassar Y N, et al. Investigation of Residual Stress Development in Spiral Welded Pipe[J]. Journal of Materials Processing Technology, 2015, 215：225-238.

第 3 章　焊管残余应力测试方法

如前所述，残余应力对结构和设备的表观质量、承载能力、使用性能和服役寿命等有重大影响。因此，残余应力为近几十年来各国研究热点之一。由于残余应力形成和演变过程的影响因素较多，影响规律复杂，即使对于已经发展起来的理论、分析方法与模型，也包含了很多简化和假设。为此，陆续发展了多种残余应力测试方法来进行残余应力测定，用以研究残余应力、验证理论及其计算结果。

不同残余应力测试方法的测试原理、特点及适用范围不同，根据油气输送焊管的结构特点及对其残余应力的大量测试结果和研究成果，本章对适用于焊管或可能适用于焊管的主要残余应力测试方法进行了介绍，同时提出了油气输送焊管残余应力测试技术。

3.1　残余应力测试方法概述

3.1.1　测试方法分类

残余应力测试技术的研究始于 20 世纪 30 年代，当时提出的测试方法是破坏性较大的机械测试法。40 年代中期以后，由于电阻应变计的发明，出现了电测法并得以长足发展，不但大大降低了对被测构件的破坏性，而且使测量精度得以显著提高。机械测试法和电测法均具有不同程度的破坏性。在无损检测方法方面，先后开发了 X 射线衍射法、磁性测试法、超声波测试法、中子衍射法及同步加速器衍射法等。

目前用于残余应力测试的方法已达数十种，分类方法也很多。根据测试原理分类，可分为物理测试法、应力释放法及应力叠加法，如图 3.1 所示。应力释放法又有机械法和电测法之分。

应力释放法的测定原理是将被测构件用一定方法进行全部或局部的分离，使其中的残余应力全部或部分释放，从而产生变形，通过机械法或电测法等测

第3章 焊管残余应力测试方法

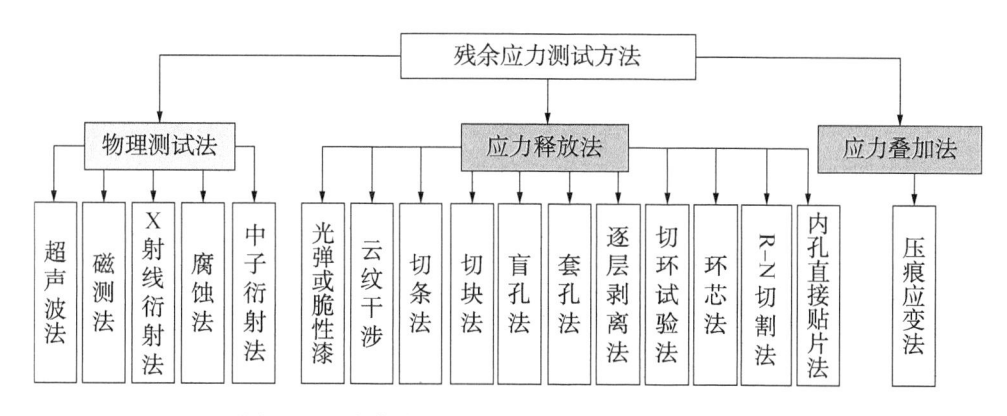

图 3.1 残余应力测试方法按照原理进行分类

出这些变形，就可利用弹性力学理论来求出残余应力。这类测试法包括：切环试验法、钻孔法（含盲孔法、钻深孔法）、切块法、逐层剥离法、套孔法、R-N切割法、环芯法、内孔直接贴片法等。这类测试方法可靠性高、测试准确度高、重复性好，但它是以被测构件或多或少地受到不同程度的破坏为代价的，因此，在实际应用中受到一定程度的限制[1-5]。

物理测试方法的原理是通过测定构件材料对应力敏感的物理常数或物理特性的变化或反应来确定残余应力的，主要包括：X射线衍射法、磁测法、超声波法、中子衍射法和腐蚀法等。这种方法不需将材料进行分离或分割，即可求得残余应力。

应力释放法的测定对象是宏观残余应力，而物理测试法既可测定宏观残余应力，也可测定微观残余应力。

压痕应变法是目前常用的物理测试法和应力释放法之外的一种残余应力测定方法，它在理论上属于应力叠加法。

残余应力测试方法的另一种常见的分类方法是按其对结构的破坏性大小进行分类，即分为：破坏性方法、半破坏性方法和非破坏性方法。应力释放法一般都具有一定的破坏性，物理测试方法则通常是非破坏性的。不同测试方法的特点见表3.1。

表 3.1 不同残余应力测试方法的特点

特点	切块法	钻孔法	钻深孔法	固有应变法	环芯法	割缝法	磁测法	中子衍射法	超声波法	X射线衍射法	同步加速器衍射法
非破坏性方法							√	√	√	√	√
半破坏性方法		√	√		√						

续表

特点	切块法	钻孔法	钻深孔法	固有应变法	环芯法	割缝法	磁测法	中子衍射法	超声波法	X射线衍射法	同步加速器衍射法
破坏性方法	√			√	√	√					
是否便携		√	√		√		√		√	√	
三轴应力			√					√			√
双轴应力	√	√	√		√	√	√	√		√	
单轴应力				√							
大多数材料	√	√									
多晶材料								√		√	√
铁磁材料							√				
复杂几何形状		√	√		√	√	√	√		√	
中等复杂程度几何形状									√		
简单几何形状	√					√					

3.1.2 测试方法标准

对于不同的残余应力测试方法，国内外现有的标准见表3.2。

表3.2 残余应力测试方法标准

序号	测试方法	国内标准	国外标准
1	钻孔法	GB/T 31310—2014《金属材料 残余应力测定 钻孔应变法》 CB/T 3395—2013《残余应力测量方法 钻孔应变释放法》	ASTM E837—2013a
2	切块法	GB/T 31218—2014《金属材料 残余应力测定 全释放应变法》	
3	压痕应变法	GB/T 24179—2009《金属材料 残余应力测定 压痕应变法》	
4	X射线衍射法	GB/T 7704—2017《无损检测 X射线应力测定方法》	ASTM E915—2010 EN 15305—2008
5	中子衍射法	GB/T 26140—2010《无损检测 测量残余应力的中子衍射法》	ISO/TS 21432—2005
6	超声波法	GB/T 32073—2015《无损检测 残余应力超声临界折射纵波检测方法》	
7	磁测法	GB/T 33210—2016《无损检测 残余应力的电磁检测方法》 SL 565—2012《水工金属结构残余应力测试方法 磁弹法》	

3.2 破坏性方法

3.2.1 切环试验法

(1) 测试原理。

切环试验法的基本原理是在焊管上切取一定长度的管段,沿轴向将管段剖开,切口两边往往会发生相应的位置变化,从而将管段中所储存的残余应力释放出来(图 3.2)。根据其周向、轴向和径向的变形量可比较和判断原始管段中残余应力的大小;按照相应的计算公式可计算管段中储存的残余应力,该值反映的是整个管段的残余应力。

图 3.2 管段切环试验后形貌

焊管切环试验后的变形情况通常用三个参量表示,即周向张开量、径向错开量和轴向错开量,如图 3.3 所示。

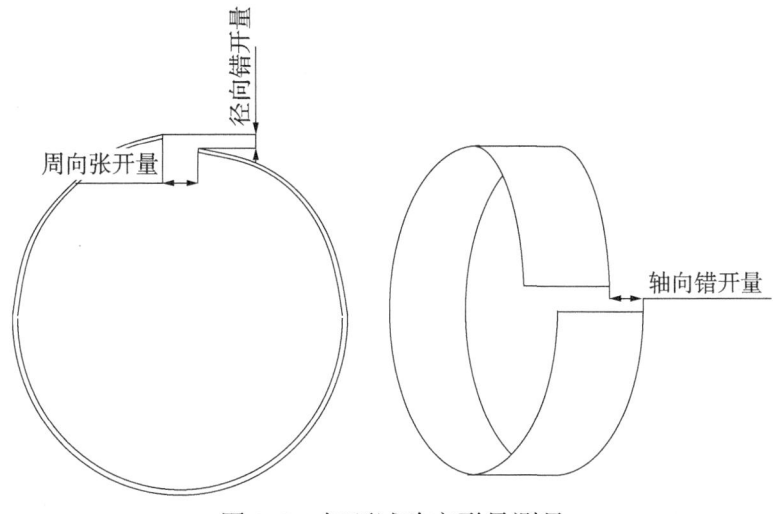

图 3.3 切环试验变形量测量

(2) 测试步骤。

切环试验法的测试步骤如下：

① 切取宽度为 100~300mm 的管段。

② 采用气割的方法在距离焊缝 100mm 的位置沿轴向切开。

③ 测量管段在周向、轴向和径向的变形。

(3) 切环试验的特点。

切环试验法是在焊管生产中常用的残余应力测试方法，其优点是操作简便、直观、便于比较，便于在生产现场进行质量控制，在焊管的实际生产中应用广泛。其缺点是为破坏性试验，会给生产厂造成一定的材耗。

3.2.2 机械切割应力释放法(切块法)

(1) 测试原理。

机械切割应力释放法，亦称机械切块分离法，简称切块法，其基本原理是将被测构件上测点周围的局部区域采用机械切割的方法从构件上分离出来，使残余应力局部释放，借助所贴应变片(图 3.4)记录所测部位在分离前后应变的变化，即可计算出测点处应变计各方向的残余应力，还可计算出测点的主残余应力并进而求出任何方向的残余应力。

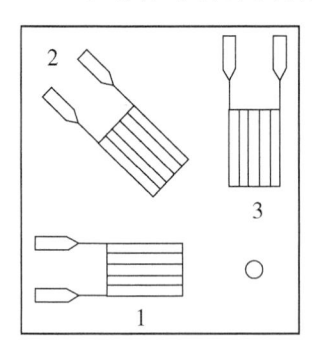

图 3.4 三向应变计示意图

切块法中残余应力的计算方法如下：

焊管为薄壁结构，可按平面应力状态处理。根据测得的应变计上应变栅 1、2 和 3 的释放应变 $\Delta\varepsilon_1$，$\Delta\varepsilon_2$ 和 $\Delta\varepsilon_3$ 可计算：

$$\tan 2\beta = \frac{2\Delta\varepsilon_2 - \Delta\varepsilon_1 - \Delta\varepsilon_3}{\Delta\varepsilon_1 - \Delta\varepsilon_3} \tag{3.1}$$

$$\begin{cases}\sigma_1\\\sigma_3\end{cases} = -\frac{E}{1-\nu^2}\left[\frac{1+\nu}{2}(\Delta\varepsilon_1+\Delta\varepsilon_3) \pm \frac{1-\nu}{\sqrt{2}}\sqrt{(\Delta\varepsilon_1-\Delta\varepsilon_2)^2+(\Delta\varepsilon_2-\Delta\varepsilon_3)^2}\cos 2\beta\right] \tag{3.2}$$

如直接求解主应力，则有：

$$\begin{cases}\sigma_x\\\sigma_y\end{cases} = -\frac{E}{1-\nu^2}\left[\frac{1+\nu}{2}(\Delta\varepsilon_1+\Delta\varepsilon_3) \pm \frac{1-\nu}{\sqrt{2}}\sqrt{(\Delta\varepsilon_1-\Delta\varepsilon_2)^2+(\Delta\varepsilon_2-\Delta\varepsilon_3)^2}\right] \tag{3.3}$$

式中 β——σ_1 和 σ_3 中的较大值与最大应力的夹角，rad；

σ_1——沿应变计 1 方向的残余应力，MPa；

σ_3——沿应变计 3 方向的残余应力，MPa；

E——弹性模量，MPa；

$\Delta\varepsilon_1$，$\Delta\varepsilon_2$，$\Delta\varepsilon_3$——应变计上应变栅 1、2 和 3 的释放应变；

ν——管材的泊松比；

σ_x——沿 x 方向的主残余应力，MPa；

σ_y——沿 y 方向的主残余应力，MPa。

（2）测试步骤。

切块法的测试步骤如下：

① 切取管段、布置测点，并按 GB/T 31218[6]要求对测试部位进行处理。

② 在测点处按一定方向粘贴应变计，待固化后，再将应变计与静态应变仪连接，调节应变仪。

③ 采用线切割方法切取边长为 10~20mm 的正方形试块，并测量释放应变 $\Delta\varepsilon_1$、$\Delta\varepsilon_2$ 及 $\Delta\varepsilon_3$。

④ 计算残余应力值。

（3）切块法的特点。

切块法为破坏性测试方法，所测得的残余应力是整个切块材料的平均应力。该法理论基础扎实、测试精度较高，但测试过程较为复杂，耗时较长。

3.3 半破坏性方法

3.3.1 盲孔法

3.3.1.1 盲孔法残余应力测试技术的进展

盲孔法又称小孔法或钻孔法，是当前使用最为广泛的残余应力测试方法，在各个领域都得到了广泛的应用。

1932 年德国学者 J. Mather 提出了用钻孔应力释放来测量残余应力的方法，当时采用的孔径为 6~12mm，孔深为孔径的 1.5~2.0 倍。20 世纪 40 年代中期在电测技术发展的基础上，W. Soete 和 R. Vancromburgge 等学者以电阻应变取代机械引伸计，提高了测试精度，将盲孔法测试技术向前推进了一大步。因此，这种方法亦称为 Mather-Soete 法。随后，为测得沿厚板方向的应力分布又先后开发了深孔、阶梯孔等测试技术。

3.3.1.2 测试原理

在构件待测处钻一小孔，该处金属被去除的同时其残余应力也被释放，因此，必然产生与该释放应力相对应的释放应变。测出这种小孔周围的释放应变，即可根据弹性理论计算出测点处原有的残余应力。

在具有二维应力状态的待测构件（焊管为薄壁结构，可按平面应力状态处理）上，粘贴如图 3.4 所示的电阻应变计，在应变计中心钻孔，孔深等于或略大于孔径，当孔深为孔径的 1.2 倍时，应变近于完全释放。通过电阻应变仪分别测试应变计上应变栅 1、2 和 3 的释放应变 ε_1、ε_2 和 ε_3。为简化计算取 $\gamma = 2\beta$，则待测点处主应力的计算公式为：

$$\sigma_1 = \frac{\varepsilon_1(A+B\cos\gamma) - \varepsilon_3(A-B\cos\gamma)}{4AB\cos\gamma} \tag{3.4}$$

$$\sigma_2 = \frac{\varepsilon_3(A+B\cos\gamma) - \varepsilon_1(A-B\cos\gamma)}{4AB\cos\gamma} \tag{3.5}$$

$$\gamma = \arctan\frac{\varepsilon_1 - 2\varepsilon_2 + \varepsilon_3}{\varepsilon_1 - \varepsilon_3}$$

式中　σ_1，σ_2——钻孔前残余应力的主应力，MPa；

ε_1，ε_2，ε_3——应变计上应变栅 1、2 和 3 的释放应变；

A，B——标定实验所测得的应变释放系数；

β——最大主应力方向与 x 轴的夹角，$\gamma = 2\beta$。

采用盲孔法测试残余应力，首先必须确定应变释放系数 A 和 B 的值。

3.3.1.3　应变释放系数的标定

（1）应变释放系数的计算公式。

在钻盲孔的情况下，需要进行专门的标定实验来确定应变释放系数 A 和 B 的具体数值。

根据盲孔法的基本原理和公式，标定实验最好在平面应力场中进行。但由于实现平面应力所需的实验条件复杂，较难具备，常采用单向均匀加载的方法进行标定。研究实践证明，这种方法简便易行，标定结果可用来测定构件的残余应力。标定实验可在普通拉伸试验机上进行。应变计贴在试样中央，其余应变片为监视片，用以保证载荷的平稳程度和加载时载荷与试样中心的同轴度。由于单向拉伸，故 $\sigma_1 = \sigma$，$\sigma_2 = 0$，代入式（3.4）和式（3.5）可得：

$$A = \frac{\varepsilon_1 + \varepsilon_3}{2\sigma} \tag{3.6}$$

$$B = \frac{\varepsilon_1 - \varepsilon_3}{2\sigma} \tag{3.7}$$

式中 σ——标定试样所受载荷的平均应力，MPa。

（2）标定实验。

标定实验可依据 GB/T 31310[7] 和 CB/T 3395[8] 进行，同时参照 ASTM E837[9]。

图 3.5 所示为测试焊管残余应力时所用的标定试样，中间为测试应变花，共 6 片，两侧为监视片，共 12 片。应变花用于测试应变，单片用于监测加载平稳状态。贴片前应对所有应变片的阻值进行测试，并控制电阻偏差小于 0.2。

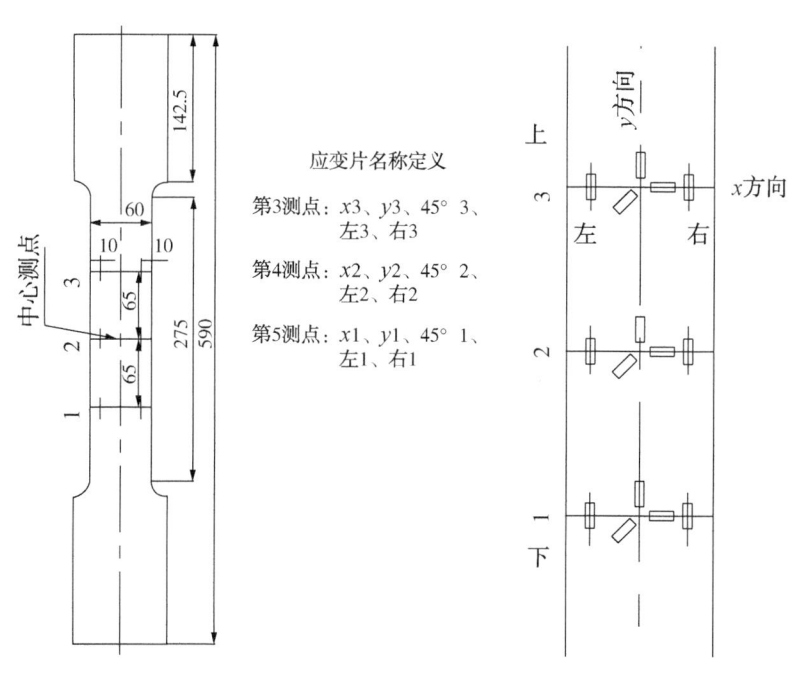

图 3.5 应变片位置及方向

标定实验时的载荷一般保持在试样平均应力 $\sigma = \left(\dfrac{1}{4} \sim \dfrac{1}{3}\right)\sigma_s$ 范围为宜。加载后读数差控制在 5% 以内，以防止附加弯曲。分别加载至预定载荷的 1/3、1/2 和 2/3，读取应变片读数，重复 3 次取平均值，作为钻孔前的应变。然后进行钻孔，测得钻孔后的应变。以应变差作为钻孔的释放应变，根据式(3.6)和式(3.7)计算应变释放系数。

3.3.1.4 测试步骤

盲孔法的测试步骤如下：

（1）从原始板料取标定试样，按 GB/T 31310[7]，CB/T 3395[8] 或 ASTM

E837[9]要求进行标定。

(2) 按要求切取管段、布置测点，并按 CB/T 3395[7]要求进行清理。

(3) 选用高质量测量用应变片、应变仪，连线用导线应具有屏蔽层。

(4) 采用钻孔装置钻孔。

(5) 至少在钻孔 5min 后测量释放应变。

(6) 残余应力计算分析。

3.3.1.5 盲孔法的特点

盲孔法的优点在于设备成本较低、操作较为简便、测试精度较高、破坏性较小。它所钻削的小孔非常小，方便在现场对大型结构进行残余应力测试，所测得的残余应力是所去除材料的平均应力。其缺点是需要在被测构件表面钻孔，而且所能测得的应变的深度受到钻孔深度的限制。盲孔法理论基础扎实，在工程和研究中应用较广，可满足对焊管残余应力的研究需要。

3.3.2 压痕应变法

3.3.2.1 压痕应变法残余应力测试技术的进展

压痕应变法是在硬度法[10]的基础上发展起来的。早在 20 世纪 50 年代，人们就发现工件表面的硬度与其表面残余应力间存在反比关系[11]，运用这一关系测量其残余应力的方法叫硬度法。硬度法的测量精度依赖于静压力和压痕尺寸的测定，误差很大，且缺乏严密的科学性，难以建立直接的力学模型。因此，又在硬度法的基础上发展出了压痕法。在平面应力场中，由压入球形压痕产生的材料流变会引起受力材料的松弛变形，与此同时，由压痕自身产生的弹塑性区及其周围的应力应变场在残余应力的作用下也要发生相应变化。这两种变形行为的叠加所产生的应变变化量可称之为叠加应变增量(简称应变增量)。利用球形压痕诱导产生的应变增量求解残余应力的方法就叫做压痕应变法。该方法在 70 年代就有所应用。起初是先打磨待测工件的表面，用小球在工件表面压一凹痕，在凹痕上覆盖一玻璃片，用单色光从侧面进行照射，通过显微镜从垂直于工件表面的方向观察由凹痕周围的变形引起的干涉条纹，根据条纹的数目和形状来确定工件表面残余应力的值[12]。近年来，压痕法又有新的发展，主要变化是采用应变片测量压痕周围的应变来代替单色光干涉条纹图样[13]。

3.3.2.2 测试原理

压痕应变法测试残余应力是通过在原来的应力场上叠加一个附加应力场，

根据叠加应力场引起的应变增量来计算原始的残余应力的。

具体来讲，就是在工件待测点中心放置一小球，通过冲击或静压的方法施加冲击功或静压力，使其在工件表面产生一球冠形压痕，由压痕引起的应变变化值（即应变增量）与压痕直径、工件表面残余应力存在一定的关系，利用这种关系即可测出工件表面的残余应力。

压痕应变法采用电阻应变计作为测量用的敏感元件，在应变栅轴线中心点通过机械加载制造一定尺寸的压痕，通过应变仪记录应变增量数值，利用事先对所测材料标定得到的弹性应变与应变增量的关系得到残余应变值，再利用胡克定律求出残余应力。

测试中主应力为：

$$\sigma_1 = E\frac{\varepsilon_{e1}+\mu\varepsilon_{e2}}{1-\mu^2} \tag{3.8}$$

$$\sigma_2 = E\frac{\varepsilon_{e2}+\mu\varepsilon_{e1}}{1-\mu^2} \tag{3.9}$$

式中　σ_1，σ_2——主应力，MPa；

　　　E——弹性模量，MPa；

　　　μ——泊松比；

　　　ε_{e1}，ε_{e2}——弹性应变。

上述主应力计算公式的建立基于以下两个基本试验规律：

（1）相同尺寸的球冠形压痕在残余应力场的主应力方向上产生的应变增量与主应变成正比。

（2）在相同的残余应力场中，在主应力方向上球冠形压痕直径与其在压痕中心固定距离位置上产生的应变增量成正比。

压痕法测试技术属于基本无损或者微损范围，这对于各种不允许因材料去除而导致安全隐患的工程构件有重要的实际意义。该法已形成国家标准 GB/T 24179—2009《金属材料　残余应力测定　压痕应变法》，适用于硬度不大于 50 HRC 的各种金属材料表面残余应力的测定。

3.3.2.3　标定与测试步骤

残余应力与应变增量的线性关系与工件材质、表面处理状态、钢球直径、应变片尺寸、应变片与钢球中心距离、钢球上施加的冲击功或静压大小等因素有关，一般可通过标定试验得到。

在实际测量中，对不同的材料要先进行标定。通过标定确定的基本参数要输入仪器的参数设置中，而后对同类材料通过测定应变增量即可直接进行残余应力的测定，需要指出的是标定试板的物理状态（如铸造、锻造、热处理等）应与实测工件的物理状态相同。

压痕应变法测量残余应力的过程可以分为4个步骤：被测构件的表面准备、应变片的粘贴、压痕产生和数据处理，具体过程参见 GB/T 24179—2009。

3.3.2.4 压痕应变法的特点

压痕应变法是一种利用球形压痕诱导产生的应变增量测定残余应力的方法，具有基本无损或微损、操作简单、适用范围广等特点[14,15]。其缺点是只能用于平面应力的测定，而且对测量数据的处理比较复杂。

3.4 非破坏性方法

3.4.1 X射线衍射法

3.4.1.1 X射线衍射法残余应力测试技术的进展

X射线衍射法是利用X射线入射到物质时的衍射现象测定残余应力的方法，包括X射线照相法、X射线衍射仪法和X射线应力仪法。

早在1936年，Glocker等学者就建立了关于X射线应力测定的理论。但由于当时使用的是照相法，需要用标准物质粉末涂敷在被测构件表面以标定构件至底片的距离，当构件经热处理或加工硬化谱线比较漫散时，标准谱线与待测谱线可能重叠，测试精度很低。因此，这种方法未受到重视。直到20世纪50年代后，X射线衍射仪迅速发展起来，应力测定工作在衍射仪上进行，X射线应力测定才重新引起人们的重视，并在生产中日渐获得广泛应用。当时，X射线应力测定多采用0°~45°法。

1961年，德国的 E.Macherauch 提出了X射线应力测定的 $\sin^2\psi$ 法，使X射线应力测定的实际应用向前迈进了一大步。与此同时，日本学者也做了大量的工作，将衍射仪的索拉光栏改为平行光束光栏，并对衍射仪的测角仪进行改进。经典的聚焦法被准聚焦法和平行光束法所取代。其中，平行光束法允许构件位置在一定范围内变化，这为在生产现场应用X射线应力测试技术创造了有利条件。该法的缺点是衍射线的强度低、分辨率差，对强度低而又较漫散的谱线，测试精度不高。准聚焦法介于平行光束法和聚焦法之间，既有较高的强度和分辨率，又有一定的构件设置的宽容度。

上述 0°~45°法和 $\sin^2\psi$ 法就是通常所称的常规法(或称同倾法),这些测试方法在测定构件特殊部位(如齿轮根部、角焊缝处等)的残余应力时往往比较困难。近年来发展起来的侧倾法很好地解决了这一难题,受到普遍重视。这种方法既可以选用高 2θ 角,也可选用低 2θ 角范围内的衍射线进行测定,同时衍射强度的吸收因子与侧倾角 ψ 无关,并且不随 2θ 角而变或只随 2θ 做很小变化,故线形不会因吸收而产生畸变,提高了测试精度,因而获得了广泛应用。

美国汽车工程师学会(SAE)在巡回试样测定的基础上,于 1960 年对 X 射线应力测定技术进行了全面的讨论,日本于 1961 年在材料学会下成立了 X 射线应力测定分会。

自 1976 年以来,日本在应用连续 X 射线测试应力方面也做了不少尝试。不同能量的 X 射线穿透材料的能力不同,利用连续 X 射线照射试样,借助 X 射线能谱仪测定衍射线中具有不同能量的各种成分的峰值位移,可探知应力沿深度的分布。此外,利用不同波长 X 射线在构件内部穿透深度不同的特点,从而获得应力沿深度分布的多波长法也得到了一定的应用。

1971 年美国汽车工程师学会发布了第一个 X 射线衍射残余应力测定行业标准 SAE J 784a—1971《Residual Stress measurement by X-Ray Diffraction》,1973 年日本材料学会颁布了第一个 X 射线残余应力测定国家标准 JSMS-SD-10—1973《Standard Method for X-Ray Stress Measurement》。作为一种无损检测技术,X 射线衍射法测定残余应力得到了越来越广泛的应用,技术手段也日益成熟。为反映最新的技术进步和成熟的测定方法,欧盟标准委员会(CEN)于 2008 年 7 月 4 日发布了新的 X 射线衍射残余应力测定标准 EN 15305—2008《Non-destructive Testing: Test Method for Residual Stress Analysis by X-Ray Diffraction》,该标准于 2009 年 2 月底在所有欧盟成员国正式实施。与之相呼应,美国试验材料学会(ASTM)也于 2010 年 7 月发布了最新的 X 射线衍射残余应力测定标准 ASTM E915—2010《Standard Test Method for Verifying the Alignment of X-Ray Diffraction Instrumentation for Residual Stress Measurement》。

我国在 1987 年发布实施了 X 射线衍射法残余应力测定标准 GB/T 7704—1987《X 射线应力测定方法》,该标准在 2008 年和 2017 年经过了两次修订,目前在用版本为 GB/T 7704—2017。

X 射线衍射法在众多的残余应力测试方法中是研究得最广泛、深入和成熟的测试方法,也是应用最广泛的无损应力测试方法。该方法只适用于晶体材料,在其弹性变形的范围内均可使用,并对材料的晶体结构有一定的要求。

3.4.1.2 测试原理

金属材料是金属原子按照某种空间点阵规律排列的晶体物质，晶体内某一取向的晶面间距是所受应力的函数，如果能测出处于某一应力状态下的晶面间距和无应力状态下晶面间距之间的差值，就能计算出该作用应力的大小。X 射线衍射法就是一种以晶面间距作为应变测量的基长，通过测量晶面间距的变化来确定所受应力数值的应力测试方法，即以测量衍射线位移作为原始数据，所测得的结果实际上是残余应变，残余应力通过胡克定律由残余应变计算得到。

其基本原理是：当试样中存在残余应力时，晶面间距将发生变化，发生布拉格(Bragg)衍射时，产生的衍射峰也将随之移动，而且移动距离的大小与应力大小相关。

由 Bragg 定律可以得到应变 ε_ψ 与衍射线角位移之间的关系，即：

$$\varepsilon_\psi = \frac{\Delta d}{d} = -\cot\theta_0(\theta_\psi - \theta_0) \quad (3.10)$$

式中 ε_ψ——与试样表面法向成 ψ 角的应变；

d——衍射晶面间距，nm；

Δd——衍射晶面间距变化，nm；

ψ——试件表面法线与所选晶面法线的夹角，(°)；

θ_0——无应力试样衍射峰位的布拉格角，(°)；

θ_ψ——有应力试样衍射峰位的布拉格角，(°)。

由于 X 射线对试样的穿透能力有限，只能探测试样的表层应力，这种表层应力分布视为二维应力状态，其垂直试样表面的主应力 $\sigma_3 \approx 0$(该方向的主应变 $\varepsilon_3 \neq 0$)。由此，可求得与试样表面法向成 ψ 角的应力 σ_ψ 的表达式为：

$$\sigma_\psi = \frac{E}{2(1+\mu)}\cot\theta_0 \frac{\pi}{180} \frac{\partial(2\theta)}{\partial(\sin^2\psi)} \quad (3.11)$$

式中 σ_ψ——所测晶面残余应力，MPa；

E——材料弹性模量，MPa；

μ——材料泊松比；

2θ——表面法线与衍射晶面法线的衍射角，(°)；

ψ——试件表面法线与所选晶面法线的夹角，(°)。

令式(3.11)中：

$$K=-\frac{E}{2(1+\mu)}\cot\theta_0\frac{\pi}{180}, \quad M=\frac{\partial(2\theta)}{\partial(\sin^2\psi)} \tag{3.12}$$

则：

$$\sigma_\psi = KM \tag{3.13}$$

其中：K 是只与材料本质、选定衍射面 HKL 有关的常数，当测量的样品是同一种材料，而且选定的衍射面指数相同时，K 为定值，称为应力系数；M 是 (2θ)—$\sin^2\psi$ 直线的斜率。

用波长 λ 的 X 射线，先后数次以不同的入射角照射到试样上，测出相应的衍射角 2θ，求出 2θ 对 $\sin^2\psi$ 的斜率 M，便可算出应力 σ_ψ。由于 $K<0$，所以，$M<0$ 时，为拉应力，$M>0$ 时为压应力，而 $M=0$ 时无应力存在。

3.4.1.3 衍射仪测量残余应力的测试方法

在使用衍射仪测量应力时，试样与探测器 θ—2θ 关系联动，属于固定 ψ 法。通常取 $\psi=0°$，$15°$，$30°$，$45°$，测量数次。

当 $\psi=0°$ 时，与常规使用衍射仪的方法一样，将探测器（记数管）放在理论算出的衍射角 2θ 处，此时入射线及衍射线相对于样品表面法线呈对称放射配置。然后使试样与探测器按 θ—2θ 联动。在 2θ 处附近扫描得到指定衍射面 HKL 的衍射线图谱。当 $\psi\neq0$ 时，将衍射仪测角台的 θ—2θ 联动分开。先使样品顺时针转过一个规定的 ψ 角后，而探测器仍处于 0。然后联上 θ—2θ 联动装置，在 2θ 处附近进行扫描，得出同一条 HKL 衍射线的图谱。

最后，作出 2θ—$\sin^2\psi$ 的关系直线，按应力表达式 $\sigma=K\cdot\Delta2\theta/\Delta\sin^2\psi=KM$ 求出应力值。

3.4.1.4 X 射线衍射法的特点

采用 X 射线衍射法测试构件残余应力，优点如下：

（1）理论成熟、测试精度高，测量结果准确可靠。与其他方法相比，X 射线衍射法在应力测量的定性定量方面有令人满意的可信度。

（2）可直接测试实际构件而无须制备样品。

（3）为测试表面残余应力的非破坏性试验方法。

（4）测定的应变为弹性应变，无塑性修正问题。

（5）应力测定范围可小至 2~3mm，适用于应力梯度较大的构件。

（6）所测定的应力为表面或近表面的二维应力。根据这一特点，采用剥层的方法，可测定应力沿层深的分布。

（7）可用于测试材料中的第二类和第三类应力。

X射线衍射法的主要缺点为：

(1) 设备较为昂贵，测试成本较高。

(2) X射线对金属的穿透深度有限，仅能无破坏地测定表面应力(30~40μm)。若要测试深层应力及其分布，也需要破坏构件，还将导致部分应力松弛和产生附加应力场，影响测试精度。

(3) 被测构件表面状态对测试结果影响较大。

(4) 当被测构件不能给出明锐的衍射峰时，测试精度将受到影响。

(5) X射线对人体有害，须做好防护工作。

3.4.2 超声波法

3.4.2.1 超声波应力测试技术的进展

目前，国内外利用超声波检测应力(包括外加应力和残余应力)的研究按照不同超声模式和方法，主要可分为：(1)超声纵波和横波的应力检测；(2)超声表面波的应力检测；(3)导波的应力检测；(4)非线性超声的应力检测；(5)临界折射纵波的应力检测[16]。

3.4.2.1.1 超声纵波和横波的应力检测

(1) 超声纯纵波的应力检测。

20世纪50年代国外就已开展研究。1953年，美国田纳西大学的Hughes根据有限变形理论，首次推导出了各向同性材料声弹性理论的早期表达形式，建立了超声纵波和横波在材料中的传播速度与应力之间的关系，初步奠定了声弹性测量残余应力的理论基础[17]。但由于声弹性效应的微弱性，在当时的试验条件下很难捕捉到应力导致的声速的细微变化，因此，其工程应用研究一直进展缓慢。

随着超声检测技术的不断发展，新的高精密仪器与先进算法不断涌现，超声应力检测也逐渐走向实际应用。2006年，浙江大学的张俊等[18]依据声弹性原理，提出了利用超声波飞行时间差来间接测量高强度螺栓轴向应力的方法。

(2) 超声纯横波的应力检测。

由于应力作用导致的材料声速各向异性或是材料本身存在声速的各向异性，当超声纯横波垂直入射到单向载荷引起的应力面时，会分解为两个垂直于应力面传播的横波，其中一个的偏振方向平行于单向载荷，另一个的偏振方向垂直于单向载荷，即声弹性双折射现象[19]。

1999年，美国国家标准和技术研究所的Schramm[20]建立了一套电磁超声横波系统用来观察火车车轮的声双折射现象,进而测量了残余应力。2008年,江苏科技大学数理学院的魏勤等[21]利用偏振方向平行或垂直于应力方向的超声纯横波对YL11型铝合金进行了测试。

(3) 横纵波相结合的应力检测。

1991年,湖南大学工程力学系的罗松南[22]利用横纵波法和一维声速反演计算法,推导出了任意深度处残余应力主应力值的计算式,同时指出如果结合X射线衍射法测出表层应力值,则可描绘出沿厚度的残余应力分布。超声横纵波结合法不需要事先测得无应力状态下被测材料的长度或纵波飞行时间,在实际应用中具有优势。

3.4.2.1.2 超声表面波的应力检测

1961年,Hayes和Rivlin得出了在均匀变形的弹性体中表面波沿一个主应力方向传播的第一个理论[23]。后来,Iwashimizu和Kobori对该理论进行了概括和总结[24]。1983年,美国宾夕法尼亚州的Tverdokhlebov首次给出了表面波声弹性表达式[25],研究结果表明,表面波沿着介质表面传播,渗透深度约为一个波长,且不受构件外形的影响,特别适合车轮、扭力轴、叶片和管道等曲面构件或者薄膜等薄壁件的应力检测。许多研究者研究了瑞利表面波在铝合金和低碳钢中的声弹性效应,而Husson则对试件的残余应力进行了测量[26]。2001年,法国瓦朗西纳大学的Duquennoy等[27]分别利用激光和压电换能器在钢棒表面产生表面波,通过测量表面波在钢棒周向和轴向上的速度变化,得出不同热处理状态下钢棒表面周向和轴向的残余应力。2007年,德国科技大学Wali等[28]利用不同的退火温度在高织构硅基银薄膜试件内产生了不同梯度的残余应力,随后先利用X射线衍射法测得梯度分布,再通过刚度矩阵法得到表面波声弹性效应与梯度的关系。

2009年,华中科技大学力学系的Hu等[29]优化了Husson的表面波声弹性方程,并以Q235钢为试样,采用5MHz表面波一发一收的方式,同时考虑了引起检测误差的主要因素的影响,最后利用悬臂梁产生的表面应力,验证了表面波声弹性技术检测应力的准确性。2013年北京理工大学的闫晓玲等[30]对表面波检测应力时的声时差算法进行了研究,提出了超声表面波声时差辨别算法。

3.4.2.1.3 超声导波的应力检测

超声导波是超声波在波导介质内传播时,与介质边界不断发生反射、折射和干涉以及横纵波转换而产生的一种特殊形式的波。这种波导介质通常为截面形状规则、尺寸较长的固体，如杆件、板件、钢轨、钢绞线和管道等。1998年，美国西维吉尼亚大学的 Chen 等[31]首次根据声弹性效应和导波的频散特性，选取了适合钢拉杆预应力检测的导波模态，并通过实验得到了 $L(0,1)$ 模态下导波群速度随着应力增大而减小的结论。2012年，意大利波洛尼亚大学的 Mazzotti 等[32]研究了初始应力对导波在黏弹性波导介质中传播的频散特性的影响，为导波应力检测提供了理论指导。

2010 年，北京工业大学的刘增华等[33]利用超声导波技术对钢绞线中的预应力测量进行了理论研究和试验分析。2014 年，北京交通大学的许西宁等[34]针对钢轨温度应力的检测提出了一种导波模态选取的指标模型。

3.4.2.1.4 非线性超声的应力检测

近年来，相关领域的最新研究成果表明，材料力学性能退化与超声波在材料内传播产生的非线性效应（即高频谐波）密切相关[35,36]。通过对高频谐波的检测，可得到材料内超声非线性系数，进而对应力状态做出有效评估，这为材料应力检测提供了新的思路。

2009 年，美国加州大学结构工程系的 Ivan 等[37]运用非线性导波进行了后张力混凝土结构中预应力钢筋的应力检测试验。研究发现一根绞线与相邻绞线之间的接触应力与导波在绞线上传播后表现出的非线性效应密切相关。

2009 年，石家庄军械技术研究所计量站的雷正伟等[38]从非线性超声理论出发，提出了利用纵波非线性产生的二次谐波系数评估复合材料非金属层粘接应力，实验表明纵波非线性系数能良好表征应力状态。2011 年，北京工业大学的颜丙生等[39]研究了金属材料力学性能退化引起的超声纵波传播非线性行为。

3.4.2.1.5 超声临界折射纵波的应力检测

1995 年，美国得克萨斯州农工大学的 Bray 等[40]首先提出了基于声弹性技术的超声临界折射纵波（Critically Refracted Longitudinal wave，L_{CR} 波）测量纵向应力的方法，该方法利用第一临界入射角产生平行于被测表面的折射纵波，测得了波传播区域的切向应力。2002 年，Bray[41]进一步采用一发两收结构的 L_{CR} 波探头对压力容器、管道等的焊接残余应力进行了检测，检测的结果与盲孔法得到的数值基本吻合。之后，基于 L_{CR} 波的应力检测逐渐成为各国研究的热点。

2007 年，意大利佛伦罗萨大学的 Vangi 等[42]对应用 L_{CR} 波监测无缝钢轨热应力的问题进行了分析研究。2008 年，印度无损检测中心的 Palanichamy

等[43]研究了利用L_{CR}波测量不锈钢焊接接头残余应力的问题。2010年,法国杜埃高等矿业学院的Qozam[44]研究了金属微观结构的变化对超声检测焊接残余应力的影响。2012—2013年,伊朗Islamic Azad大学的Yashar等[45-47]利用L_{CR}波对不锈钢和碳钢两种不同材料管道焊接接头的周向与轴向残余应力进行了测量。

2008年,哈尔滨工业大学的路浩等[48]建立了基于L_{CR}波的焊接残余应力测量系统,并应用于低碳钢双丝焊纵向焊接残余应力的测量。同年,南昌航空大学无损检测技术教育部重点实验室的卢超等[49]应用边界元方法对L_{CR}波的传播特性和声束特性进行了分析与实验测量。2015年10月我国发布了GB/T 32073—2015《无损检测 残余应力超声临界折射纵波检测方法》。

3.4.2.2 测试原理

声弹性理论研究表明,弹性波在有应力固体材料中的传播速度不仅与材料的二阶弹性常数和密度有关,还与材料的高阶弹性常数和应力有关。这种现象称为声弹性效应。声弹性理论是超声无损检测残余应力的重要理论依据,即超声波的传播速度受应力的影响。当被测工件中存在压应力时,超声波的传播速度加快;当被测工件中存在拉应力时,超声波的传播速度减慢。由此,通过精确测量超声波的传播速度或声时,即可检测出被测工件内的应力状态。

3.4.2.2.1 声弹性理论

声弹性理论主要是研究弹性波在固体材料中的传播速度与应力之间的关系,其基本假设为:

(1)连续体假设,因为在常用的超声波频率范围内(20kHz至20MHz),弹性波波长远大于材料的晶粒尺寸及微小缺陷的尺寸;

(2)声波的小扰动叠加在物体的静态有限变形上;

(3)物体是弹性的、均匀的;

(4)物体在变形过程中可视为等温或等熵过程。

当固体材料为零应力状态时,超声纵波在材料中的传播声速为:

$$v_{L_0} = \sqrt{\frac{\lambda + 2\mu}{\rho_0}} \tag{3.14}$$

式中 v_{L_0}——固体材料受零应力时纵波的声速,m/s;

λ——材料热导率,W/(m·K);

μ——材料泊松比;

ρ_0——材料密度，kg/m³。

材料在应力作用下，当超声波在各向同性介质中传播时，会表现出声弹性效应，即应力的大小不同，超声波在其中的传播速度不同。声速的准确测量对检测设备的精度和灵敏度要求较高，传统的检测方法及设备难以满足要求。

在传播距离固定时，超声波传播速度与传播时间满足特定关系，声传播时间的测量和计算相对简单，在现有的实验和设备条件下可以实现对声时的精确测量，故可通过测量和计算声时的变化量来反映声速的改变量，从而计算出应力的变化量，这就是声时法的应力检测原理。

下面以临界折射纵波为例，具体说明超声波应力测试的原理。

3.4.2.2.2 临界折射纵波的产生

由于不同介质的声阻抗不同，当一束声波从一种介质斜入射到另一种介质中时，在两种介质的交界面处会发生声波反射和折射现象。图3.6为超声波反射与折射现象示意图，其中发生折射的部分在界面处发生了波形转换，在另一种介质中产生了折射横波和折射纵波。折射波的折射角大小不仅与入射声波的入射角大小有关，还与超声纵波和横波在两种介质(介质1和介质2)中的传播速度有关，它们之间满足Snell定律。入射角和折射角关系为

$$\frac{\sin\theta_I}{v_I} = \frac{\sin\theta_L}{v_L} = \frac{\sin\theta_S}{v_S} \tag{3.15}$$

式中　θ_I——超声纵波的入射角度；

　　　v_I——超声纵波在介质1中的传播速度；

　　　θ_L——折射纵波的折射角度；

　　　v_L——折射纵波在介质2中的传播速度；

　　　θ_S——折射横波的折射角度；

　　　v_S——折射横波在介质2中的传播速度。

从式(3.15)可知，折射角θ_L和θ_S随着入射角θ_I的增大而增大。当介质1中的超声纵波声速小于介质2中的纵波声速时，令$\theta_L = 90°$即折射纵波的折射角度为90°时可求出一个入射角，此时的入射角定义为第一临界角，折射产生的纵波即为超声临界折射纵波。

如图3.7所示，压电晶片的超声换能器激励出纵波，并通过声楔块以第一临界角从一种介质入射到另一种介质中，在第二种介质的表面即产生临界折射纵波并沿着介质表面进行传播。

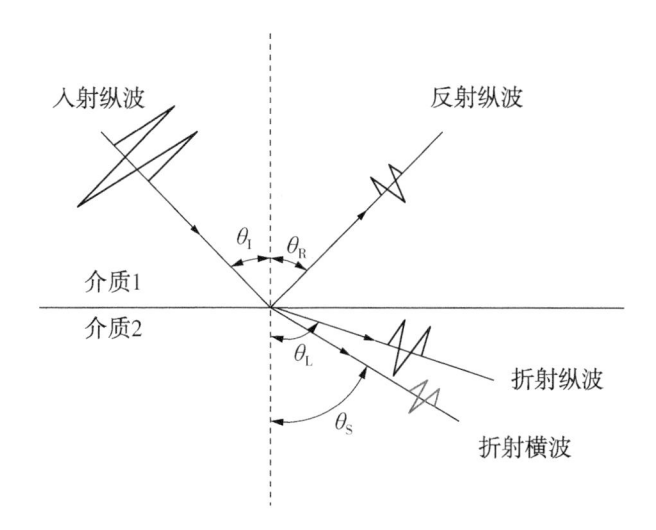

图 3.6 超声波反射与折射现象

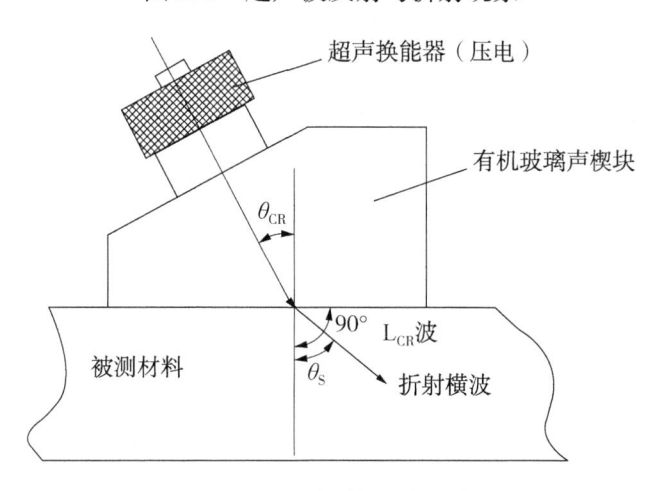

图 3.7 临界折射纵波的产生

3.4.2.2.3 基于临界折射纵波的残余应力检测

当超声纵波以第一临界角斜入射到被检测构件表面时,在被检测材料中产生超声临界折射纵波。依据声弹性原理,材料中的残余应力影响超声波传播速度,当残余应力方向与纵波方向一致时,拉应力使超声波传播速度变慢或传播时间延长,压应力使超声波传播速度加快或传播时间缩短。因此,若已知被检测材料内零应力 σ_0 时超声波的传播时间 t_0,就可根据时间差求出被检测材料中的残余应力 σ,见式(3.16):

$$\sigma - \sigma_0 = K(t - t_0) \quad \text{或} \quad \Delta\sigma = K\Delta t \tag{3.16}$$

式中 K——应力系数;

$\Delta\sigma$——残余应力的变化量,MPa;

Δt——传播时间的变化量,s。

σ 为负值表示残余压应力,正值表示残余拉应力。应力系数 K 可通过拉伸试验标定获得。

3.4.2.3 超声波测试法的特点

与其他应力检测方法相比,超声波法具有以下特点[50]:

(1) 超声波的方向性较好,具有光波一样良好的方向性,可实现定向发射。

(2) 对于大多数介质而言,超声波的穿透能力较强。在一些金属材料中,其穿透能力可达数米,故能无损测定实际构件表面和内部的应力分布。

(3) 采用新型电磁换能器,可以不接触实际构件进行应力测量,不会损伤构件表面,使用安全,无公害。

(4) 超声测量仪器便于携带到现场使用,如果配上相应的换能器(探头),还可用来探伤或测定弹性模量。

(5) 超声法在测量应力时需要做标定试验,且易受探头与构件之间声耦合层厚度变化、构件材料组织和环境温度等的影响。

(6) 影响超声波波速的因素较多,包括应力、表面状态和材料均匀性等。

3.4.3 磁测法

3.4.3.1 磁测法应力测试技术的进展

磁测法是根据铁磁材料受力后磁性的变化来评定内应力的。目前应用的磁性测试法有两种:磁噪声法和磁应变法。

(1) 磁噪声法。

铁磁材料在磁化过程中,磁畴壁的跳跃式移动使磁感应强度发生不连续变化的现象称为巴克豪森(Barkhausen)效应[51],是巴克豪森于1919年发现的。畴壁的这种非连续的、跳跃式的不可逆运动,使紧挨着的磁畴之间会发生摩擦、挤压,引起机械振动,形成噪声,即磁噪声,又称为巴克豪森噪声(Barkhausen Noise,BN)。

磁噪声法又称为巴克豪森噪声法(Barkhausen Noise Method,MBN)。当铁磁性材料中存在残余应力时,材料应力和磁场的变化都会影响铁磁材料的磁性输出 BN 值[52]。如果在磁畴中应力和磁场产生同向的效应,BN 值将增大;如果在磁畴中应力和磁场产生相反的效应,BN 值将减小。BN 值的大小还与杂质含量和晶格位错等有关。这种方法只适用于铁磁材料，检测精度受材料显微结构的影响较大[53]，还受位移间隙、表面粗糙度、材料剩磁和环境磁场等因素的影响。目前该法的定量校准和残余应力量化检测困难，实际应用受到一定限制。

(2) 磁应变法。

铁磁材料在磁化过程中因外磁场条件的改变而发生几何尺寸可逆变化的现象称为铁磁材料的磁致伸缩效应。而当铁磁材料处于压力、拉力和扭转力等外力作用下，材料的磁化状态发生变化的现象称为逆磁致伸缩效应。因此，通过测量磁性的变化可以测量铁磁材料中的应力。

20世纪80年代，有关学者就提出利用逆磁致伸缩效应的磁各向异性进行应力检测。部分学者开始研究磁各向异性检测的理论，日本学者在这方面的研究处于领先地位，但总体来说进展较为缓慢。首先是因为对铁磁材料的磁本质特性至今没有一个完美的解释，无法从微观角度提供严谨的理论依据。其次，受趋肤效应的影响，只适合检测材料表面和近表面的残余应力，并且受较多因素的干扰，难以判断应力集中部位的形状和大小。再者，任何一种钢均有一定的波动性，任何一种工艺都不可能使材料各处性能与组织完全一致，致使检测信号除残余应力状态外，还有可能反应材料的硬度，甚至可能反映材料内部本身的一些微小缺欠，这些影响因素预先是无法准确判断的，所以测量结果具有很大偶然性[53-55]。

基于逆磁致伸缩效应的磁各向异性应力检测的思想虽然提出很早，但其发展却因上述原因受到了较大的挑战[54,56-59]。国内外对磁各向异性应力检测的研究还仅限于"实验+实践"的模式，磁信号与应力应变的定量关系只能根据实验给出，或者在实际运用中给出磁信号和应力的定性关系。

3.4.3.2 测试原理

(1) 磁噪声法。

铁磁材料在外磁场的影响下会发生磁化，磁感应强度 B 会随着外加磁场强度 H 的增加而变大，当 H 增大到某一定值后，B 几乎不再变化，这时铁磁材料达到磁饱和状态。去掉外磁场后，由于 B 与 H 并不是线性关系，因此，铁磁材料的磁化状态并不能恢复到以前的位置。如图3.8所示，当磁化在正负两个方向上往复变化时，会形成磁滞回线，这是铁磁性材料的固有特性。

在交变磁场的作用下，如果观察磁滞回线的精细结构，会发现在磁滞回线的斜率最大处曲线呈阶梯式抖动变化，即在铁磁材料被外磁场磁化时，置于材

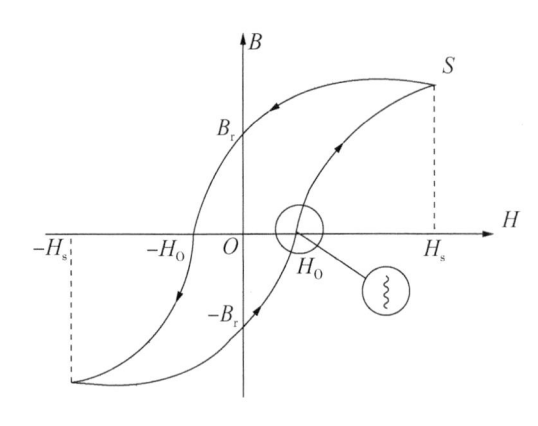

图 3.8 铁磁材料磁滞回线在斜率最大处的不连续分布

料上的线圈会以电压的形式产生一种噪声脉冲，即巴克豪森噪声。

材料的两个重要物理特性会影响巴克豪森噪声信号强度[60]，即：（1）材料内的弹性应力和分布状态会影响磁畴易受磁化的方向作用；（2）材料试样内的显微组织。通过测量外在的磁性特征即可感知材料内部应力状态或微观结构的变化。当磁化方向与应力方向平行时，BN 值随拉应力的增加而增加，随压应力的增加而减小；当磁化方向与应力方向垂直时，BN 值随拉应力的增加而减小，随压应力的增大而增大，但增加幅度不大。因此，可根据有应力和无应力时巴克豪森信号的强弱对比来计算出材料的残余应力状态[61,62]。

（2）磁应变法。

磁应变法测试残余应力的基本原理是基于逆磁致伸缩效应。在无应力状态下，铁磁材料可视为磁各向同性；当有应力存在时，铁磁材料各个方向的磁导率是不同的，即产生了各向异性。因此，应力或应变状态的变化将会引起铁磁材料磁导率或磁阻的变化，磁导率 μ 是应力或应变状态的函数，即存在式（3.17）所示的关系：

$$\mu = f(\sigma) \tag{3.17}$$

在向磁各向异性传感器提供恒定的磁动势的条件下，磁路中磁导率或磁阻的变化将引起磁通的变化，传感器上的检测线圈感应出的感生电动势的变化将反映这种变化。从而可将非电量应力应变转换成可测量的电量（如电压或电流），从而达到应力检测的目的。残余应力的磁应变测试法就是通过测量某一小范围各方向磁导率的变化来反映该区域的应力状态的。其整体变换过程为：

$$F \to \Delta\sigma \to \Delta\mu \to \Delta R_m \to \Delta V(\Delta I)$$

其中：$\Delta\sigma$ 为应力变化量，MPa；$\Delta\mu$ 为铁磁材料磁导率的变化量，H/m；ΔR_m 为磁路中磁阻的变化量，H^{-1}；$\Delta V(\Delta I)$ 为传感器输出电压（电流）的变化量，V(A)。

测定磁导率变化的传感器（探头）用高磁导率材料制成，与受力物体表面接触，形成一闭合回路，如图 3.9 所示[63]。当应力变化时，磁场发生变化，探头磁路中的磁通也发生变化，通过探头中的感应线圈可将磁场变化转化为电压或电流的变化，进而由电压或电流的变化推算出应力变化。闭合磁路的总磁阻由探头磁阻 R_1 和被测件磁阻 R_2 组成，即：

$$R = R_1 + R_2 = \frac{L_1}{\mu_1 S_1} + \frac{L_2}{\mu_2 S_2} \tag{3.18}$$

式中　R——闭合磁路总磁阻，H^{-1}；

R_1，R_2——探头本身及被测材料的磁阻，H^{-1}；

L_1，L_2——探头及被测件磁路的有效长度，m；

S_1，S_2——探头及被测件磁路的有效横截面积，m^2；

μ_1，μ_2——探头及被测件的磁导率，H/m。

当被测件的应力状态改变时，磁导率发生变化，进而引起被测件磁阻 R_2 变化，故总磁阻 R 亦发生改变。于是，通过传感器便将应力的变化转换为磁阻的改变，在图 3.10 所示的测量电桥中就产生了不平衡电流，它与被测件中的应力变化相对应，测出这个不平衡电流即可求出应力的变化值。

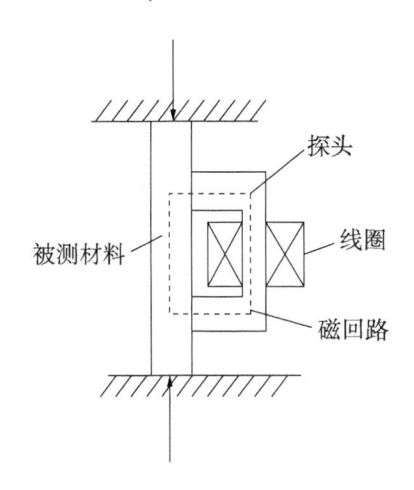

图 3.9　磁应变法测试原理[63] 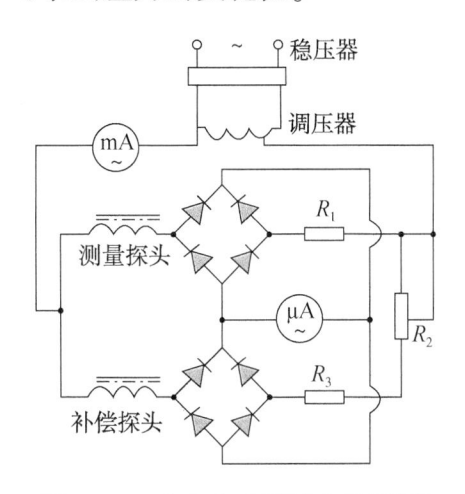　　图 3.10　磁应变法测试电路图[63]

3.4.3.3　标定实验

用磁应变法测试残余应力，首先要对与被测材料成分相同、热处理状态相同的试件进行标定实验。标定时，补偿探头置于无应力的补偿试件上，测试探头置于标定试件的某点上，先后在作用力方向及其垂直方向进行测量。作用力为拉应力时，受力方向输出电流较小，而在其垂直方向输出较大；作用力为压应力时则相反，即在受力方向上输出电流较大，而在其垂直方向输出较小。

3.4.3.4 磁测法的特点

磁测法的优点是测量速度快，能够实现非接触测量，对工件表面质量要求低。缺点是测量结果受多种因素影响，可靠性和精度差，标定困难，定量测量困难；仅能用于铁磁材料的测量，且易造成剩磁和磁污染等问题。

3.4.4 几种非破坏性测试方法的对比

表3.3列出了上述几种残余应力非破坏性测试方法的原理、特点、有无可依标准和检测指标等的对比。

表3.3 残余应力非破坏性测试方法对比[16]

方法	原理	优势	劣势	标准	指标
X射线衍射法	基于布拉格方程，通过测量衍射角变化得到晶格间距变化，根据胡克定律和弹性力学原理，计算出残余应力	普遍使用、有完善的检测标准、检测精度较高、受外界环境干扰小、可便携	检测深度浅，有一定辐射，需要清洗工件表面	GB/T 7704—2017 ASTM E915—2010 EN 15305—2008	一次检测时间：2~5min；空间分辨率：$25\mu m^2$~$25mm^2$；检测深度：$5~20\mu m$；最佳精度：5~30MPa
超声波法	基于声弹性理论和非线性超声理论，利用残余应力与声速的关系来检测残余应力	普遍使用、快速、低成本、量化、较佳分辨率和渗透力、手持式	需标定和耦合	GB/T 32073—2015	一次检测时间：1s~3min；空间分辨率：$20mm^2$~$100cm^2$；检测深度：$10\mu m$~1m；最佳精度：±20MPa
磁测法	当铁磁材料中有残余应力存在时，其磁性会发生变化，利用磁性的这种变化即可评定铁磁材料中的残余应力	快速、敏感性高、手持式	只适合铁磁材料，需要区分由应力引起的特征信号，定性的，不能检测出具体数值，受材料磁性影响	SL 565—2012	一次检测时间：1s~10min；空间分辨率：$10mm^2$~$50cm^2$；检测深度：$5~100\mu m$；最佳精度：不确定

3.5 焊管残余应力测试

3.5.1 焊管残余应力测试适用方法

根据焊管残余应力的来源和特点，通过对常用的残余应力测试方法的对比分析及实际测试，筛选出以下适用于焊管的残余应力测试方法，其特点和适用性如下：

（1）盲孔法。应用较为广泛，理论基础扎实，测试方法简便易行，适应性广，可满足一般工程和研究的需要。可反映焊管某点表层附近2~3mm范围内的残余应力。

（2）切块法。通过从焊管上切取试块，测试该试块的内外表面应变释放量，从而计算出该位置的原始残余应力。其测试值是整个厚度方向上的平均应力。操作较为复杂，随着钢级的提高、管径壁厚的增大，测试难度增加。

（3）X射线衍射法。根据晶体中的晶面间距变化引起X射线最佳衍射角度的变化来测定残余应力的大小。仅反映焊管表面的残余应力，测试结果受焊管表面状态影响较大。

（4）切环法。沿轴向将一定长度的管段剖开，根据其周向、轴向和径向的变形量计算原始管段中的残余应力。简单易行，便于工厂现场检验、试验及质量控制。

3.5.2 焊管残余应力测试技术

从上述分析可知，从应用范围、理论基础、技术成熟度和测试的复杂程度等方面综合来看，盲孔法是焊管残余应力测试的较为适用的方法。

将盲孔法用于焊管残余应力测试时，石油管工程技术研究院会同有关单位开展了大量的工作，如测量管段截取长度的确定，管体内、外壁测点（即盲孔位置）的设计，焊缝区及整管测点的布置，测点位置间距要求，以及测量用电阻应变计和盲孔直径、孔深的确定等。通过研究分析和测试形成了一套完整的测试不同管型焊管残余应力的方法，开发了油气输送焊管残余应力测试技术，实现了对不同管型焊管的残余应力值及其分布的较为准确、科学的测试评价。该测试技术包括：

(1) 适用管型。

螺旋缝埋弧焊管；直缝埋弧焊管，包括 UOE 焊管、JCOE 焊管；HFW 焊管等。

(2) 钢管规格。

当外径≥600mm，壁厚≥12mm 时，可在焊管内、外表面同时布置测点；外径尺寸用于保证管内操作和布置测点的空间；壁厚尺寸用于保证内、外壁测点的测量值互相不受干扰和影响。如果管径和壁厚较小，则可按照下述方法仅进行外壁测点布置及测试。

(3) 测量管段长度。

直缝焊管测量管段长度为焊管直径的 2.5 倍；螺旋焊管测量管段长度为 2 个完整的螺旋焊缝螺距；且测量管段长度不小于 2m。

(4) 残余应力测点设计。

所有测点分布在截取的测量管段的内、外表面。内、外表面的测点个数相等，并且测点的位置一一对应，即盲孔关于管壁厚度中心线呈镜面对称，如图 3.11 所示。同一表面上测点的距离应不小于 40mm，以保证每个测点的应力状态不受周围测点应力释放的影响。

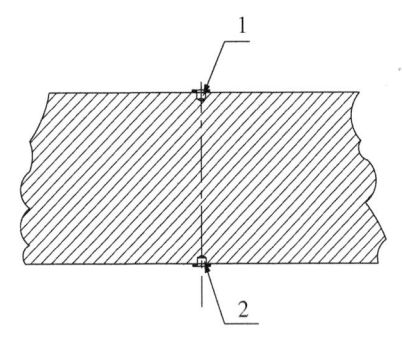

图 3.11 管壁内外表面测点位置示意图

1，2—焊管外表面和内表面盲孔

(5) 焊缝区测点布置。

焊缝区的测点布置在截取管段长度的中心区域（即 1/2 长度范围附近），螺旋焊管及直缝焊管焊缝区测点布置示意图分别如图 3.12 和图 3.13 所示。焊缝区测量宽度范围以焊缝为中心不小于 60mm。该宽度可反映出焊接残余应力的主要作用范围。测点个数一般为 4~5 个。以测量宽度范围为 60mm 为例，这 5 个测点分别为：点①焊缝中心，点②熔合线，点③距熔合线外 2~3mm，点④距焊缝中心 30mm，点⑤位于点③与点④中间。根据需要也可在设定的测量宽度范围中适当增加或减少测点。为了便于测试，焊缝区各测点可以不在垂直于焊缝的一条直线上，而是按设定的与焊缝中心的距离沿焊缝长度方向排列布置。HFW 焊管焊缝区较窄，可适当减少测点。

(6) 管体测点布置。

螺旋焊管与直缝焊管除了成型工艺方式不同外，焊缝形式也不同，前者是螺旋焊缝，后者是直焊缝。因而，需要采用相应的测点布置方式，来反映管体残余应力值及其分布。

① 螺旋焊管管体残余应力值及其分布的测点分别布置在一条直线和一道环线上，测点布置示意图如图3.14所示。管体测量直线垂直于焊缝，测点布置在直线上（内外测点对应），用于测量和获取在垂直于焊缝方向上距焊缝不同距离处的残余应力。为了分析管体成型与残余应力之间的关系，在一个螺距板宽上的测点个数应为管体成型轧辊的整倍数。环线位于距管端20~60mm范围内（该距离用于提供盲孔法测试时应变片的粘贴及操作空间），测点布置在环线上，用于测量和获取管端距焊缝不同距离处的残余应力。测点按圆周等距分布，一般不少于8个，为偶数个对称分布。管体测点均可根据测量要求增加个数和加密，以细化残余应力分布的描述。

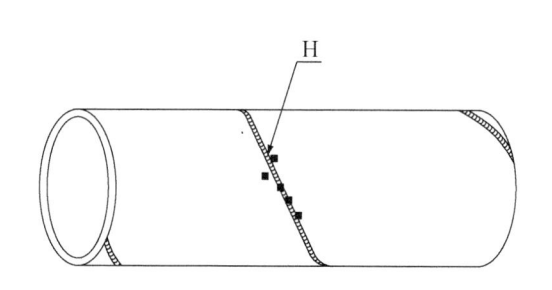

图3.12 螺旋焊管焊缝区测点布置示意图
H—螺旋焊管焊缝；黑色小方块—焊缝区测点

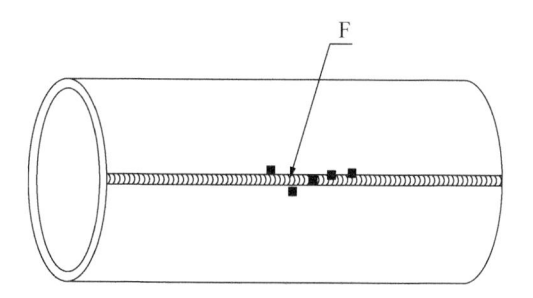

图3.13 直缝焊管焊缝区测点布置示意图
F—UOE焊管、JCOE焊管及HFW焊管焊缝；黑色小方块—焊缝区测点

② 直缝焊管管体残余应力值及其分布的测点分别布置在管体轴线不同位置的数条圆周环线上。环线及测点布置示意图如图3.15所示。考虑到对称性，为减少测量工作量，测量环线可以安排在管段长度中心线的一侧，用于描述残余应力分布的测量环线一般不少于3道。以测量环线为3道为例，3道测量环线的位置分别为：a. 距管端20~60mm处；b. 管段长度1/2处；c. 管段长度1/4处。每条环线上一般至少布置8个测点，其中1个测点布置在焊缝上，其余测点等距分布在圆周上。一般各条环线上的测点数量以及在圆周上的位置一致。环线上的测点，用于测量和获取该环线所处管体轴向位置处圆周上的残余应力。所有环线在圆周同一位置上的测点，用于测量和获取管体圆周上该位置处轴向的残余应力。

测量时，可根据需要和要求加密测量环线数和环线上的测点数，各环线上的测点数一般要同时增加，同时建议环线测点数为偶数。

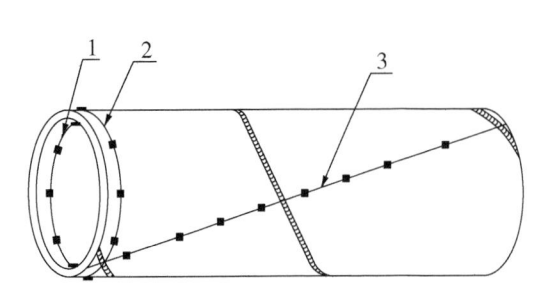

图 3.14　螺旋焊管管体测量点
布置示意图

1，2—管体内、外表面测量环线；
3—管体测量直线；黑色小方块——焊缝区测点

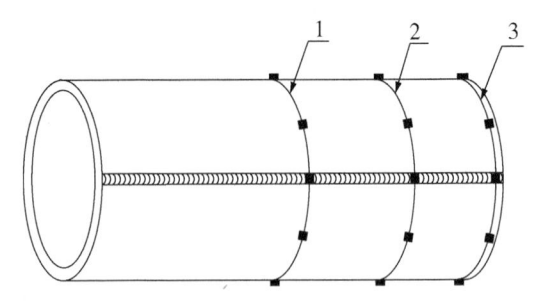

图 3.15　直缝焊管管体测量点布置示意图
（UOE 焊管、JCOE 焊管及 HFW 焊管）

1，2，3—管体长度不同位置的测量环线；
黑色小方块——焊缝区测点

（7）盲孔法残余应力测量。

测量过程按盲孔法残余应力测量的有关标准和程序进行。测量用电阻应变片采用三向应变计（图 3.4）。粘贴时，1、3 方向分别与被测管体的焊缝平行和垂直，对于直缝焊管就是与管段的轴向及周向重合。同一管段上盲孔的直径和深度应分别一致。将测量所得数据与标定得到的应力释放系数 A 和 B 一起代入盲孔法应力计算公式，即可获得各个测点残余应力值的大小及方向。由此即可获得对被测焊管管体、焊缝区各部位或整管的残余应力分布描述。

3.5.3　焊管残余应力测试技术展望

目前焊管残余应力测试中用于工厂生产现场测试的切环试验法以及用于试验室测试的盲孔法等，具有简单易行，便于现场操作，或理论基础完善、技术成熟等优点，但这两种方法均属破坏性或半破坏性测试方法。近年来，随着无损检测技术的进步，残余应力无损测试方法得到了长足的发展和不断的完善，能否将残余应力无损测试方法用于高钢级大口径焊管残余应力测试，以及更进一步地用于服役管道的现场应力测试，需要今后开展更加深入的研究。

参 考 文 献

[1] 陈会丽，钟毅，王华昆等．残余应力测试方法的研究进展[J]．云南冶金，2005，34(3)：52-54.

[2] 陈芙蓉，霍立兴，张玉凤．非破坏性测量焊接残余应力方法的应用现状[J]．焊接技术，2001，30(3)：37-38.

[3] 宋天民．焊接残余应力的产生与消除[M]．北京：中国石化出版社，2005：122.

[4] 林丽华,陈立功,顾明元. 残余应力测量技术现状及其发展动向[J]. 机械,1998,25(5):46.

[5] John H. Underwood. Residual Stress Measurement Using Surface Displacements Around an Indentation[J]. Experimental Mechanics,1973,9(1):373-380.

[6] GB/T 31218 金属材料残余应力测定全释放应变法[S].

[7] GB/T 31310 金属材料残余应力测定钻孔应变法[S].

[8] CB/T 3395 残余应力测试方法钻孔应变释放法[S].

[9] ASTM E837 Standard Test Method for Determining Residual Stresses by the Hole-Drilling Strain-Gage Method[S].

[10] 林丽华,陈立功,顾明元. 用数值分析方法探讨静载压痕残余应力测量方法[C]//第八次全国焊接会议论文集[M]. 北京:机械工业出版社,1997.

[11] 黄建明,李朝第,王克鹏,杨卫. 残余应力测定的围箍压痕法模拟[J]. 上海力学,1997,18(1):38-43.

[12] 于哲夫,赵颖华,陈怀宁,等. 冲击压痕测量残余应力的方法[J]. 沈阳建筑工程学院学报(自然科学版),2001,17(3):200-202.

[13] Nathan W Poerner. An Investigation of Variability Among Residual Stress Measurement Techniques and Prediction of Machining Induced Distortion[D]. Lubbock:Texas Tech. University,2007:5-9.

[14] 陈怀宁,林泉洪,曲鹏程. 压痕法测量焊接应力中的几个基本问题[C]//第十一次全国焊接会议论文集(第2册). 上海:中国机械工程学会焊接学会,2005:116-119.

[15] Sakharova N A,Prates P A,Oliveira M C,et al. A Simple Method for Estimation of Residual Stresses by Depth Sensing Indentation[J]. Strain,2012,48(1):75-87.

[16] 宋文涛. 残余应力超声无损检测与调控技术研究[D]. 北京:北京理工大学,2016:9,8-9.

[17] Hughes D S,Kelly J L. Second-order Elastic Deformation of Solids[J]. Physics review,1953,92(5):1145-1149.

[18] 张俊,顾临怡,钱筱林,等. 钢结构工程中高强度螺栓轴向应力的超声测量技术[J],机械工程学报,2006,42(2):216-220.

[19] Sasaki Y,Hasegawa M. Effect of Anisotropy on Acoustoelastic Birefringence in Wood[J]. Ultrasonics,2007.46:184-190.

[20] Schramm R E. Ultrasonic Measurement of Stress in Railroad Wheels[J]. Review of Scientific Instruments,1999,70(2):1468-1472.

[21] 魏勤,董师润,徐秉汉,等. 超声双折射法测试铝合金的内部应力[J]. 应用声学,2008,27(5):401-406.

[22] 罗松南. 残余应力分析的超声波波速反问题方法[J]. 湖南大学学报,1991,18(4):

77-81.

[23] Hayes M, Rivlin R S. Surface Waves in Deformed Elastic Materials[J]. Archive of Rational mechanics and Analysis, 1961, 8: 359-380.

[24] Iwashimizu Y, Kobori O. The Rayleigh Wave in a Finitely Deformed Isotropic Elasticmaterial[J]. Journal of the Acoustical Society America, 1978, 48(3): 910-916.

[25] Tverdokhlebov A. On the Acoustoelastic Effect[J]. Journal of the Acoustical Society of America, 1983, 73(6), 2006-2012.

[26] Husson D. A Perturbation Theory for the Acoustoelastic Effect of Surface Waves[J]. Journal of Applied Physics, 1985, 57(5): 1562-1568.

[27] Duquennoy M, Ouaflouh M, Qian M L, et al. Ultrasonic Characterization of Residual Stresses in Steel Rods using a Laser Line Source and Piezoelectric Transducers[J]. NDT&E International, 2001, 34, 355-362.

[28] Wali Y, Njch A, Wieder T. The Effect of Depth-dependent Residual Stresses on the Propagation of Surface Acoustic Waves in Thin Ag Film on Si[J]. NDT&E International, 2007, 40: 545-551.

[29] Hu E Y, Y M, Chen Y M. Experimental study on The surface stress measurement with Rayleigh wave detection technique[J]. Applied Acouslics, 2009, 70: 356-360.

[30] 闫晓玲, 董世运, 徐滨士, 等. 超声声表面波检测信号时差的倒频谱分析[J]. 振动与冲击, 2013, 32(12), 159-162.

[31] Chen Hungliang, He Yidong, Gangarao Hota. Measurement of Prestress Force in the Rods of Stressed Timber Bridges using Stress Waves[J]. Materials Evaluation, 1998, 56(8): 977-981.

[32] Mazzoni M, Marzani A, Bartoli I. Guided Waves Dispersion Analysis for Prestressed Viscoelastic Waveguides by Means of the SAFE Method[J]. International Journal of Solids and Structures, 2012, 49: 2359-2372.

[33] 刘增华, 刘溯, 吴斌, 等. 预应力钢绞线中超声导波声弹性效应的试验研究[J]. 机械工程学报, 2010, 46(2)22-27.

[34] 许西宁, 叶阳丹, 江成, 等. 钢轨应力检测中超声导波模态选取方法研究[J]. 仪器仪表学报, 2014, 35(11): 2473-2483.

[35] Peter B N. Fatigue Damage Assessment by Nonlinear Ultrasonic Materials Characterization [J]. Ultrasonics, 1998, 36: 375-381.

[36] John H C, William T Y. Nonlinear Ultrasonic Characterization of Fatigue Microstructures [J]. International Journal of Fatigue. 2001, 23: S487-S490.

[37] Ivan B, Claudio N, Ankit S, et al. Nonlinear Ultrasonic Guided Waves for Stress Monitoring in Prestressing Tendons for Post-tensioned Concrete Structures[J]. Sensors and Smart

Structures Technologies for Civil, Mechanical, and Aerospace Systems, 2009, 19(2): 230-235.

[38] 雷正伟,刘福,米东,等. 非线性超声理论在金属基复合材料结构应力检测中的应用[J]. 仪表技术与传感器, 2009, 3: 87-91.

[39] 颜丙生,吴斌,李佳锐,等. 金属材料力学性能退化非线性超声检测实验系统优化[J]. 仪表技术与传感器, 2011, 2: 95-98.

[40] Bray D E, Junghans P. Application of the LCR Ultrasonic Technique for Evaluation of Post-weld Heat Treatment in Steel Plates[J]. NDT&E International, 1995, 28(4): 235-242.

[41] Bray D E. Ultrasonic Stress Measurement and Material Characterization in Pressure Vessels, Piping, and Welds [J]. Journal of Pressure Vessel Technology, 2002, 124(3): 326-335.

[42] Vangi D, Virga A. A Practical Application of Ultrasonic Thermal Stress Monitoring in Continuous Welded Rails[J]. Experimental Mechanics, 2007, 47: 617-623.

[43] Palanichamy P, Vasudevan M, Jayakumar T. Measurement of Residual Stresses in Austenitic Stainless Steel Weld Joints using Ultrasonic Technique[J]. Science and Technology of Welding and Joining, 2009, 14(2): 166-171.

[44] Qozam H, Chaki S, Bourse G, et al. Microstructure Effect on the L_{CR} Elastic Wave for Welding Residual Stress Measurement[J]. Experimental Mechanics. 2010. 50: 179-185.

[45] Yashar J, Mehdi A N, et al. Residual Stress Evaluation in Dissimilar Welded Joints using Finite Element Simulation and the L_{CR} Ultrasonic Wave[J]. Russian Journal of Nondestructive Testing, 2012, 48(9): 541-552.

[46] Yashar J, Hamed S P, et al. Ultrasonic Inspection of a Welded Stainless Steel Pipe to Evaluate Residual Stresses through Thickness [J]. Materials and Design, 2013, 59: 591-601.

[47] Yashar J, Mehdi A N. Comparison between Contact and Immersion Ultrasonic Method to Evaluate Welding Residual Stresses of Dissimilar Joints[J]. Materials and Design, 2013, 47: 473-482.

[48] 路浩,刘雪松,杨建国,等. 激光全息小孔法验证超声波法残余应力无损检测[J]. 焊接学报, 2008, 29(8): 77-80.

[49] 卢超,黎连修,涂占宽. 临界折射纵波探头声束特性的边界元分析与测量[J]. 仪器仪表学报, 2008, 29(12): 2570-2575.

[50] 虞付进,赵燕伟,张克华,等. 超声检测表面残余应力的研究与发展[J]. 表面技术, 2007, 36(4): 72-75.

[51] 彭有根,温志刚,叶相臣,等. 巴克豪森噪声法压应力检测中检测参数的选择[J].

无损检测，1996，18(5)：129-130.

[52] Desvaus S, Duquennoy M, Gualandri J, et al. Evaluation of Residual Stress Profiles using the Barkhausen Nosie Effect to Verify High Performance Aerospace Bearings[J]. Nondestructive Testing and Evaluation，2005，20(1)：9-24.

[53] 唐俊武，穆向荣，王建国，等．磁致伸缩效应在疲劳寿命预测中的作用[J]．北京科技大学学报，1990，12(3)：295-299.

[54] 穆向荣，唐俊武，王建国，等．用磁致伸缩逆效应预测材料的疲劳寿命[J]．无损检测，1993，15(2)：36-39.

[55] 姜宝军．磁测应力技术的现状及发展[J]．无损检测，2006，28(7)：362.

[56] 施泽华，周海鸣．声弹性法及其应用[J]．河海大学学报，1990，18(2)：69-75.

[57] 赵国君．磁测应力技术的研究现状及发展[J]．黑龙江科技信息，2007，22：59.

[58] 刘青昕．油田套管状况测井及套管应力检测方法研究[D]．北京：中国地质大学(北京)，2006：4.

[59] 刘东旭．铁磁材料磁记忆应力检测技术力磁关系机理研究[D]．秦皇岛：燕山大学，2010：6.

[60] 王献锋，李红涛．巴克豪森噪声无损检测技术[J]．测量与仪器，2003，8：27-28.

[61] 卢成磊，倪纯真，陈立功．巴克豪森显影在铁磁材料残余应力测量中的应用[J]．无损检测，2005，27(4)：176.

[62] 王威．几种磁测残余应力方法及特点对比[J]．四川建筑学研究，2008，34(6)：74.

[63] 李栋才．焊接应力[M]．西安：陕西科学技术出版社，1999.

第4章 不同管型焊管的残余应力

在制管过程中板材要经过塑性成型和焊接等过程，使焊管内残留有不同程度的残余应力。残余应力与管道的工作压力叠加后会使管道的局部应力增加，并对焊管的承载能力、变形能力、耐腐蚀性能和抗疲劳断裂性能产生重要影响。因此，采用盲孔法、机械切割应力释放法（切块法）、X射线衍射法及切环试验法等对焊管的残余应力进行测试分析，掌握不同管型焊管残余应力的水平及分布状况具有非常重要的意义。

在过去的20余年中，通过对不同管型、不同钢级、不同规格和不同生产厂家的油气输送焊管采用不同的方法进行测试，取得了大量的第一手数据，掌握了不同厂家、不同钢级、不同规格和不同管型油气输送焊管的残余应力水平及分布规律，为进一步分析焊管残余应力的影响因素，提出焊管残余应力的控制措施奠定了基础。

4.1 螺旋缝埋弧焊管的残余应力

4.1.1 X52 SAWH 焊管

采用切块法对不同厂家生产的 X52 ϕ457mm×6mm 和 ϕ630mm×10mm 未水压及水压的 SAWH 焊管进行残余应力测试，试验结果如图 4.1 和图 4.2 所示。

4.1.2 X60 SAWH 焊管

采用切块法对不同厂家生产的 X60 ϕ660mm×7.1mm 和 ϕ660mm×8.7mm 未水压及水压的 SAWH 焊管进行残余应力测试。测试结果分别如图 4.3 至图 4.5 所示。

(a）未水压

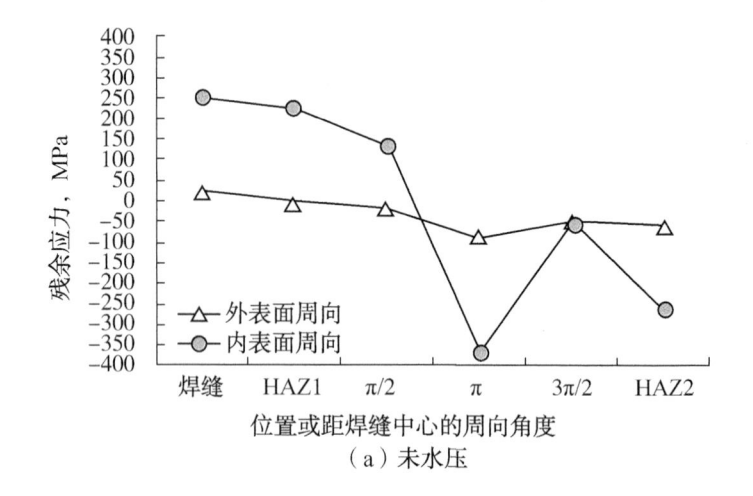

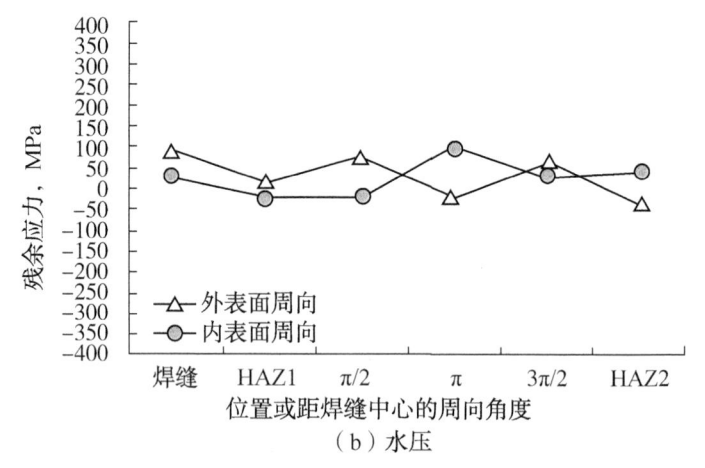

(b）水压

图 4.1　B 公司 X52 ϕ457mm×6.0mm SAWH 焊管的残余应力分布

HAZ—热影响区

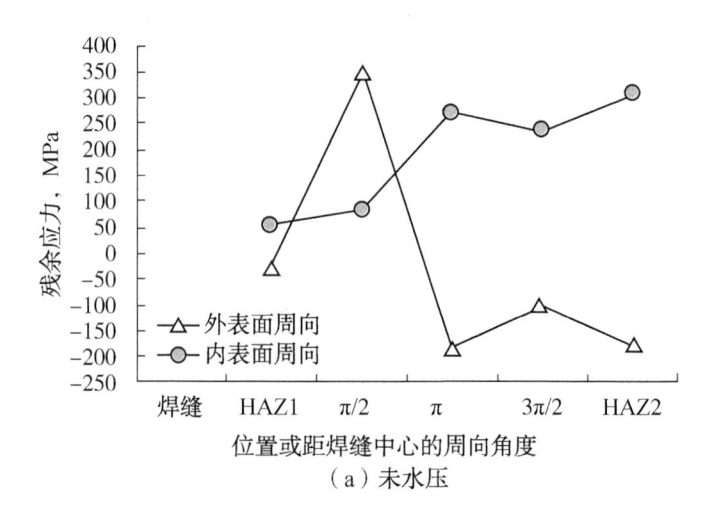

（a）未水压

图 4.2　S 公司 X52 ϕ630mm×10.0mm SAWH 焊管的残余应力分布

(b)水压

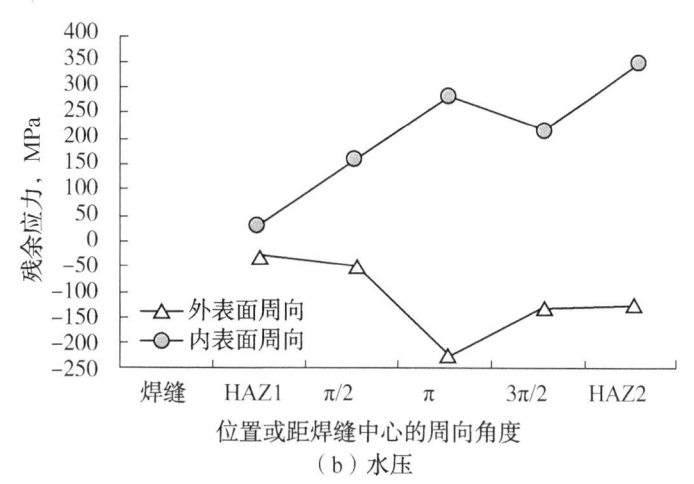

图 4.2 S 公司 X52 ϕ630mm×10.0mm SAWH 焊管的残余应力分布(续)

HAZ—热影响区

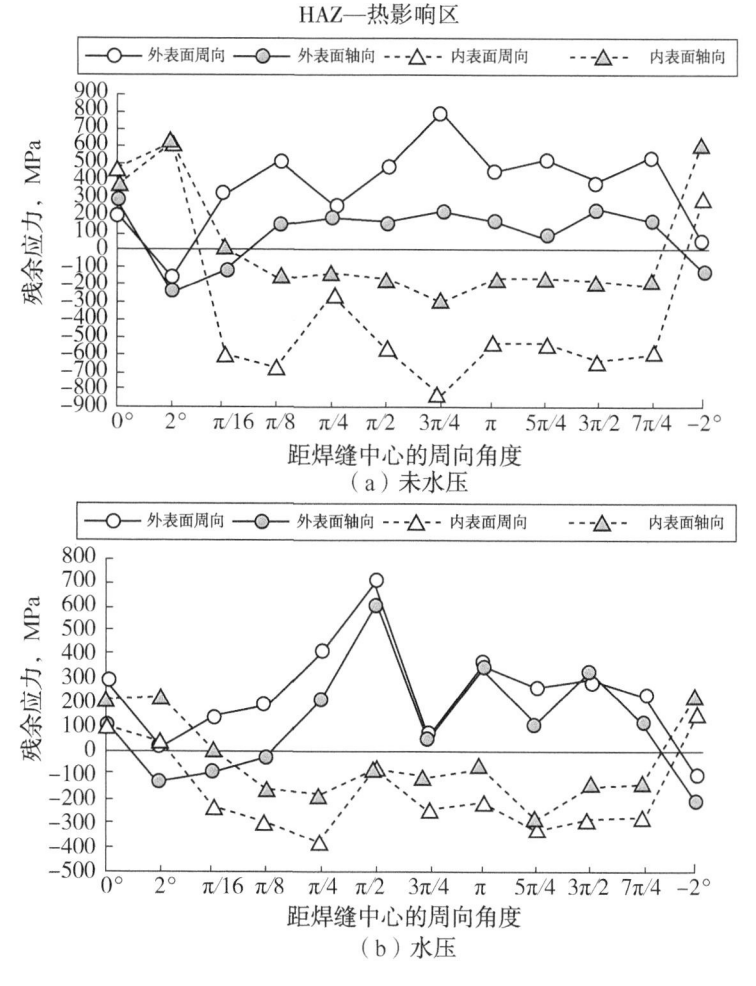

(a)未水压

(b)水压

图 4.3 S 公司 X60 ϕ660mm×7.1mm SAWH 焊管的残余应力分布

0°位置为焊缝中心,2°及-2°位置分别为两侧热影响区

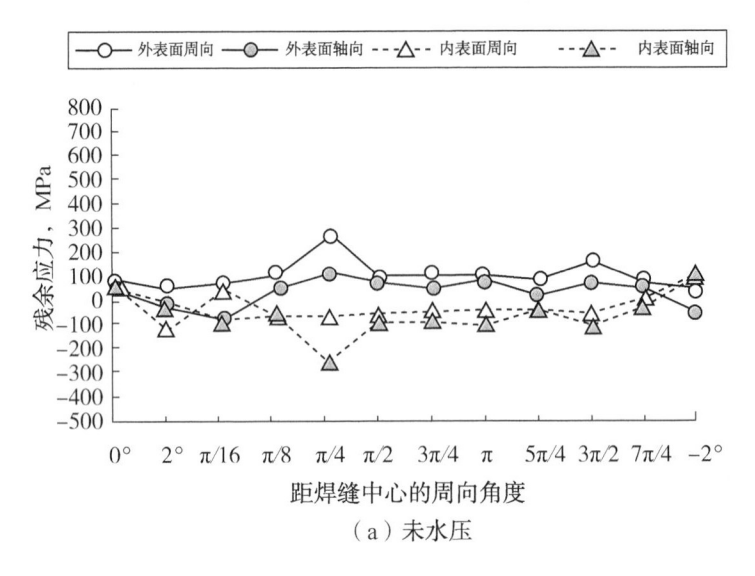

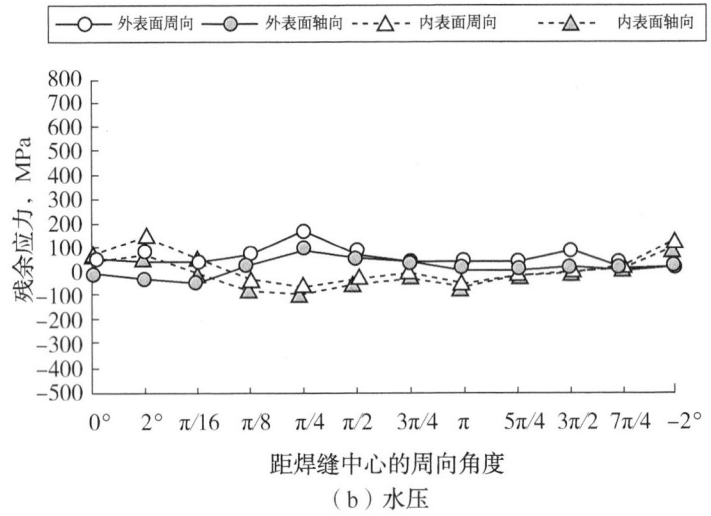

图 4.4 Y 公司 X60 ϕ660×8.7mm SAWH 焊管的残余应力分布

0°位置为焊缝中心，2°及-2°位置分别为两侧热影响区

4.1.2.1 S 公司 X60 ϕ660mm×7.1mm SAWH 焊管

S 公司生产的 X60 ϕ660mm×7.1mm 未水压及水压 SAWH 焊管残余应力测试结果如图 4.3 所示。

未水压焊管管体外表面周向残余应力均为拉应力，其残余应力的平均值为 476MPa，最大拉应力位于 $\frac{3\pi}{4}$ 处，其数值高达 803MPa。管体内表面周向残余应力均为压应力，其残余应力平均值为-574MPa，最大残余压应力也位于 $\frac{3\pi}{4}$

（a）未水压

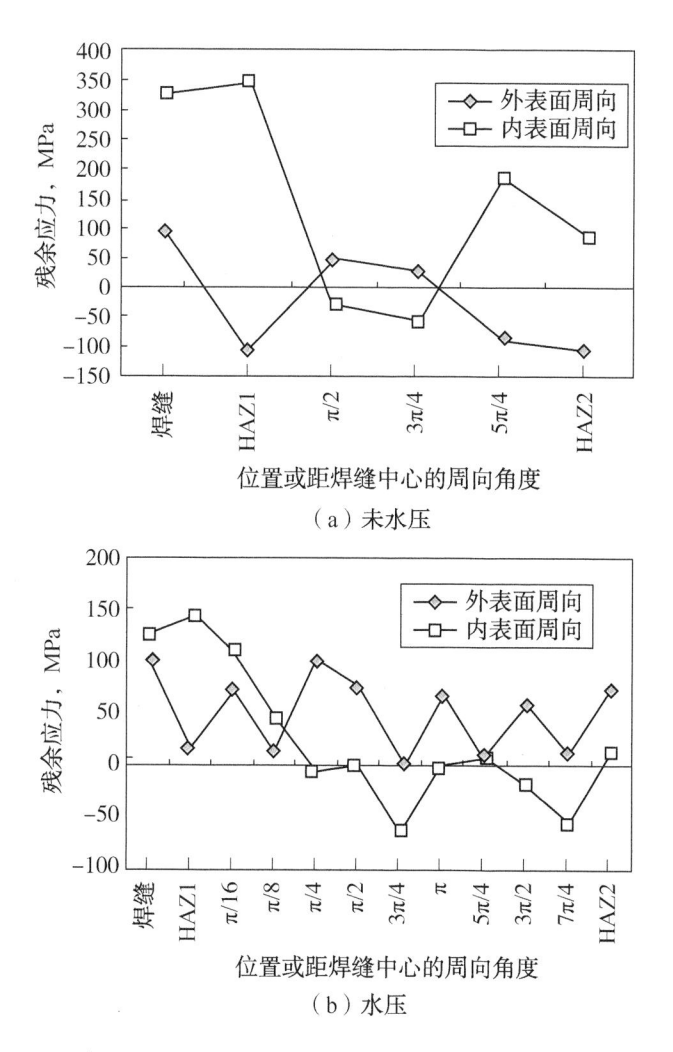

（b）水压

图4.5 H公司 X60 ϕ660mm×7.1mm SAWH焊管的残余应力分布

处。除一边热影响区外表面为压应力外，焊缝及热影响区周向残余应力均为拉应力；焊缝处的最大拉应力位于内表面，其值达458MPa；热影响区的最大拉应力位于内表面，为612MPa。

水压试验后，管体外表面周向残余应力仍为拉应力，其平均值为309MPa，比未水压焊管管体残余应力下降了约35%。总的变化趋势是：原来残余应力高处应力明显下降，例如 $3\pi/4$ 处，未水压时残余应力为803MPa，水压后降至78MPa；而原来残余应力低处水压后应力有所升高，例如 $\pi/4$ 处，水压前为254MPa，水压后上升至419MPa。水压后管体内表面仍均为压应力，其平均值为-241MPa，比未水压管(-574MPa)减小了58%，残余应力分布趋于均匀。焊缝处内外表面均为拉应力，与未水压管相比，水压后外表面周向拉应力略有升高,但内表面周向拉应力却由原来的458MPa降至115MPa。水压后,热影响区残余应力均大为降低。

对比图4.3(a)(b)可见,水压试验使焊管残余应力分布趋于均匀,虽未能改变残余应力性质(外表面为残余拉应力,内表面为残余压应力),但其数值趋于均匀,且绝对值下降。水压试验的这种作用,对降低内表面残余应力更为明显。

4.1.2.2　Y公司X60 ϕ660mm×8.7mm SAWH焊管

Y公司生产的X60 ϕ660mm×8.7mm未水压及水压SAWH焊管残余应力测试结果如图4.4所示。

Y公司未水压焊管管体外表面周向残余应力为拉应力,其残余应力的平均值为119MPa,最大拉应力位于$\pi/4$处,其值为268MPa。内表面周向残余应力基本为压应力,残余压应力绝对值较小,均不超过70MPa,分布较均匀。焊缝内、外表面均为残余拉应力,其值均小于70MPa;热影响区外表面周向残余应力为低值拉应力,内表面周向残余应力有拉有压。

水压试验后,管体内、外表面残余应力性质未变,仍然是外表面基本为残余拉应力,内表面基本为残余压应力,但其绝对值有所减小。

4.1.2.3　H公司X60 ϕ660mm×7.1mm SAWH焊管

H公司生产的X60 ϕ660mm×7.1mm未水压及水压SAWH焊管的残余应力测试结果如图4.5所示。

未水压焊管与S公司X60 ϕ660mm×7.1mm SAWH焊管[图4.3(a)]相比,其残余应力总体上较小。水压试验后,管体外表面周向残余应力平均值为74MPa,内表面周向残余应力平均值为-24MPa;焊缝外表面周向残余应力为100MPa,内表面为128MPa。

4.1.3　X65 SAWH焊管

采用切块法对不同厂家生产的X65 ϕ1422mm×16.5mm未水压及水压的SAWH焊管进行残余应力测试。测试结果分别如图4.6及图4.7所示。

4.1.3.1　S公司X65 ϕ1420mm×16.5mm SAWH焊管

S公司试制的X65 ϕ1422mm×16.5mm未水压及水压SAWH焊管残余应力测试结果如图4.6所示。

(a) 未水压

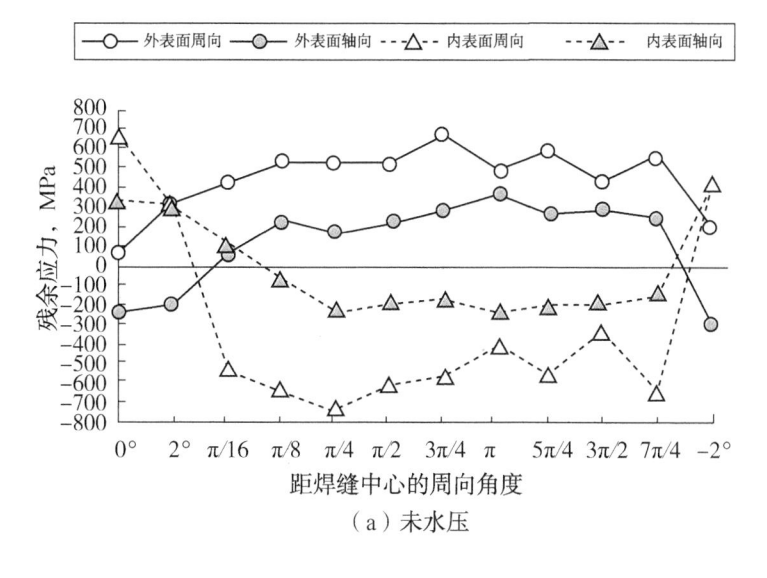

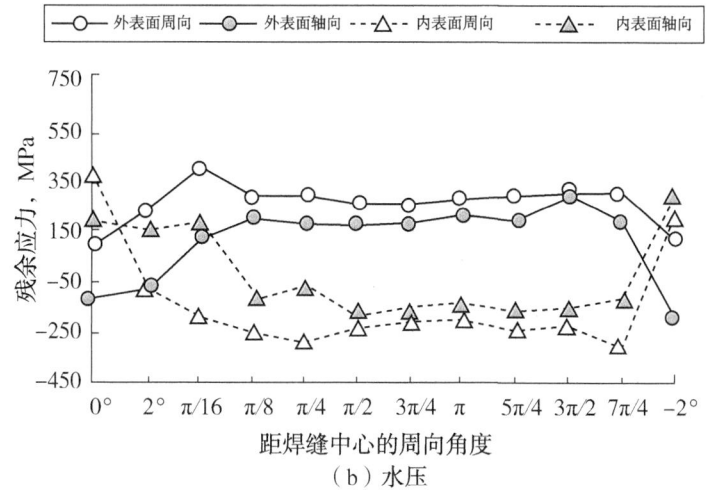

(b) 水压

图 4.6 S 公司 X65 ϕ1420mm×16.5mm SAWH 焊管的残余应力分布

0°位置为焊缝中心，2°及-2°位置分别为两侧热影响区

未水压焊管管体外表面周向残余应力为拉应力，各点残余应力值均大于 400MPa，最大拉应力位于 $3\pi/4$ 处，其值高达 676MPa。管体内表面周向残余应力为压应力，最大值位于 $\pi/4$ 处，其值为 -752MPa。与 S 公司 X60 SSAW ϕ660mm×7.1mm 未水压 SAWH 焊管规律基本相同[图 4.3(a)]。焊缝及热影响区均存在较大的周向残余拉应力，焊缝内表面周向残余拉应力高达 669MPa。

水压试验后焊管内外表面残余应力分布规律基本不变，但其绝对值明显下降，内表面下降幅度更大。

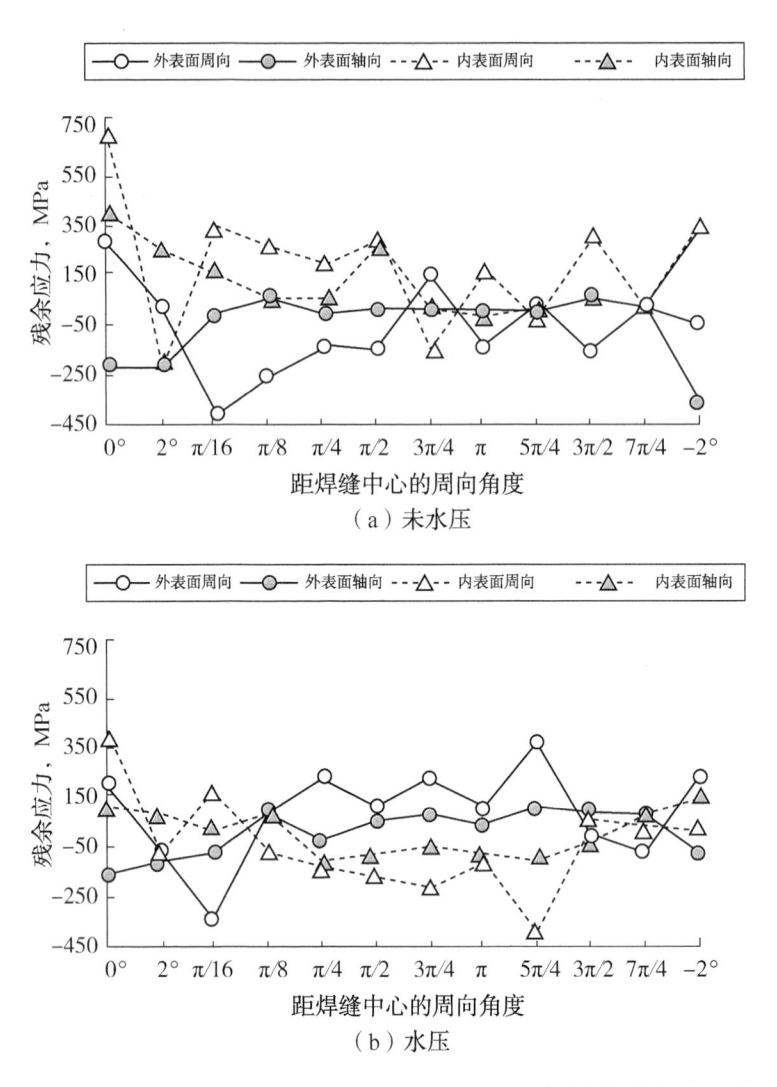

图 4.7 Y 公司 X65 ϕ1420mm×16.5mm SAWH 焊管的残余应力分布

0°位置为焊缝中心，2°及-2°位置分别为两侧热影响区

4.1.3.2　Y 公司 X65 ϕ1420mm×16.5mm SAWH 焊管

Y 公司试制的 X65 ϕ1422mm×16.5mm 未水压及水压 SAWH 焊管残余应力测试结果见图 4.7 所示。

如图 4.7(a)所示，未水压焊管管体外表面周向残余应力基本为压应力，而内表面周向残余应力基本为拉应力，这种规律与 Y 公司 X60 ϕ660mm×8.7mm SAWH 焊管刚好相反[图 4.4(a)]。可见，残余应力与成型机组调试状态密切相关，不同的调试状态，会导致完全不同的残余应力状态。

水压试验后，管体外表面周向残余应力由原来的压应力变为拉应力，内表面周向残余应力由原来的拉应力变为压应力。焊缝内外表面周向残余应力值下降,但仍为残余拉应力;热影响区残余应力绝对值也明显下降。

4.1.4 X80 SAWH 焊管

4.1.4.1 X80 ϕ1219mm×18.4mm SAWH 焊管

(1) 1#SAWH 焊管。

1#SAWH 焊管为 H 公司试制的钢级为 X80、外径为 1219mm、壁厚为 18.4mm 的 SAWH 焊管,经水压试验及防腐保温处理。采用盲孔法对其残余应力进行测试,管体及焊缝区的测点布置如图 4.8 所示[1]。1#螺旋焊管残余应力分布如图 4.9 所示[2]。

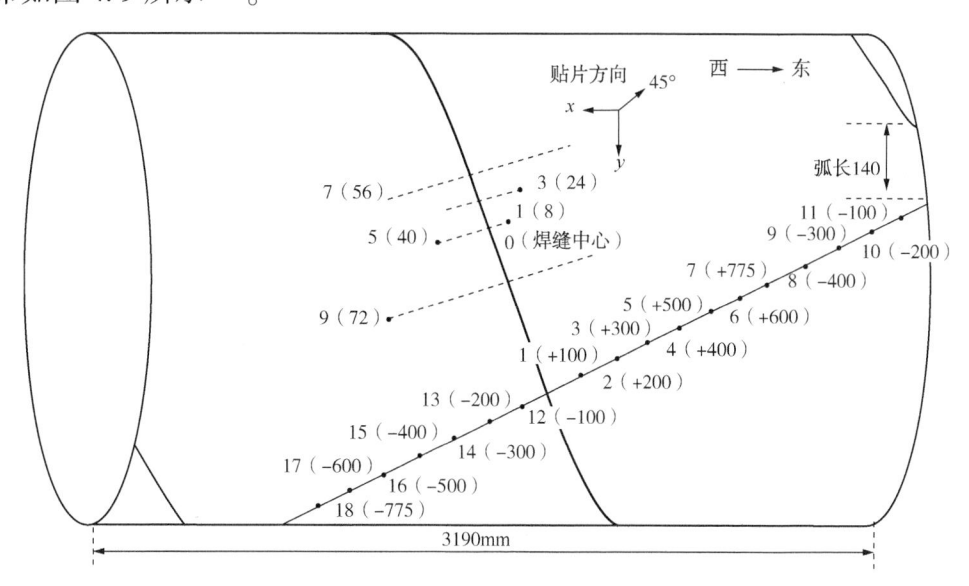

图 4.8 1#和 2#SAWH 焊管残余应力盲孔法测试测点布置[1]

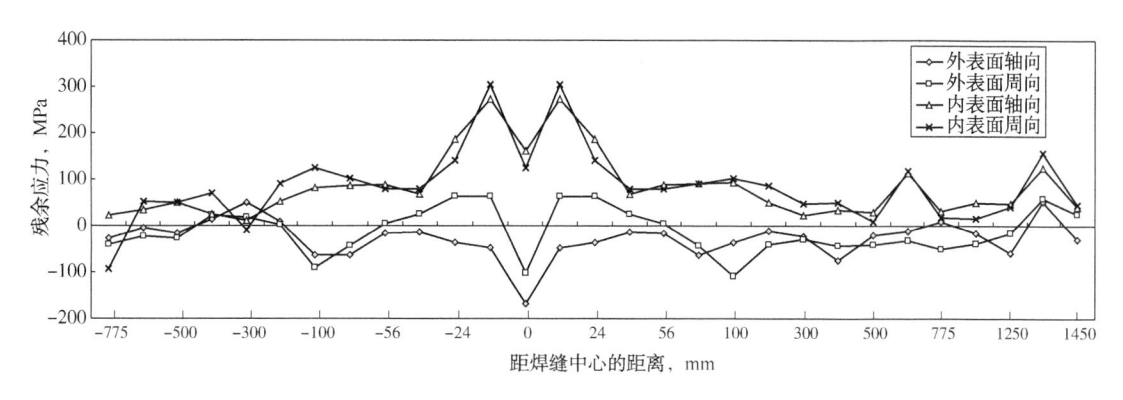

图 4.9 1#SAWH 焊管盲孔法测试残余应力分布

从总体看外表面的周向应力、轴向应力基本上低于内表面的相应值；内表面基本为双向拉应力状态，焊缝及其附近区域承受最高值为305MPa的双轴拉应力。残余应力在焊缝区变化较大，其余部分相对平稳，变化较小。假设残余应力沿厚度线性分布，管体内外表面周向应力平均值为22MPa。

试制该螺旋焊管所用板卷板宽为1550mm，故图4.9中1450测点相当于−100测点，1150测点相当于−400测点，以此类推。

(2) 2# SAWH焊管。

2# SAWH焊管为H公司试制的钢级为X80、外径为1219mm、壁厚为18.4mm的SAWH焊管，经水压试验。采用盲孔法对其残余应力进行测试，管体及焊缝区的测点布置与1#焊管相同(图4.8)。2#螺旋焊管残余应力分布如图4.10所示[2]。

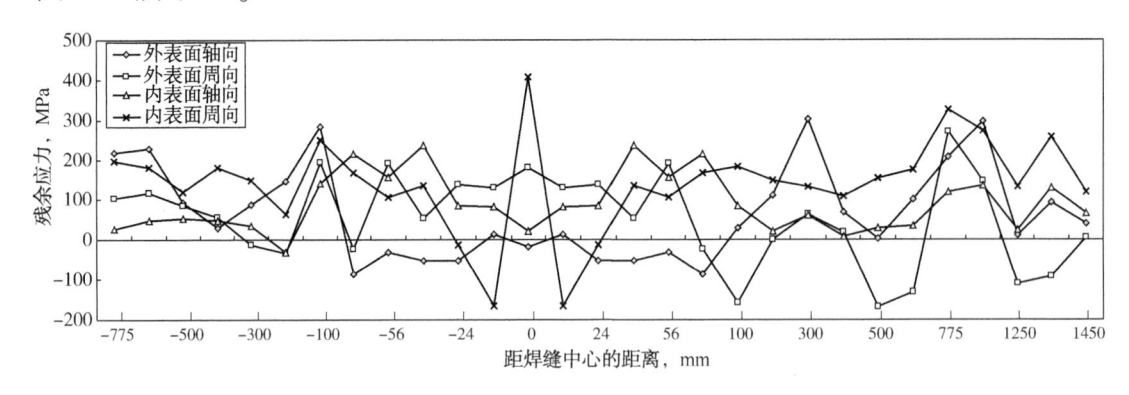

图4.10 2# SAWH焊管盲孔法测试残余应力分布

可见，除近缝区72mm范围，其余部分的内表面周向应力为拉应力，而外表面周向应力出现拉压交替的现象。内表面周向拉应力在焊缝中心最高，达407MPa；内表面周向压应力的峰值出现在近缝区8mm处，为−152MPa。外表面周向拉应力的峰值出现在板料中心775测点(板料中心位置)，为270MPa。除焊缝区外，其他测点外表面周向应力的平均值为5MPa，内表面平均应力为173MPa。假设残余应力沿厚度线性分布，则整个截面受拉，平均周向拉应力为89MPa。

试制该螺旋焊管所用板卷宽度为1550mm，故图4.10中1450测点相当于−100测点，1150测点相当于−400测点，依此类推。

(3) 3# SAWH焊管。

3# SAWH焊管为H公司试制的钢级为X80、外径为1219mm、壁厚为18.4mm的SAWH焊管，未经水压试验及防腐保温处理，采用盲孔法对其残余应力进行测试，管体及焊缝区的测点布置如图4.11所示。3#螺旋焊管残余应力分布如图4.12所示[2]。

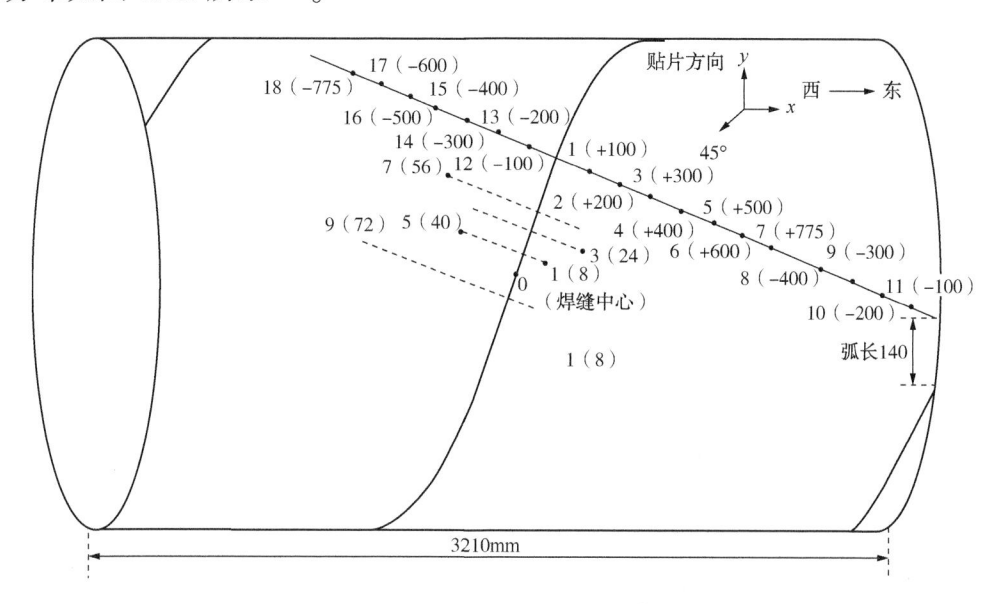

图4.11 3# SAWH焊管盲孔法测点

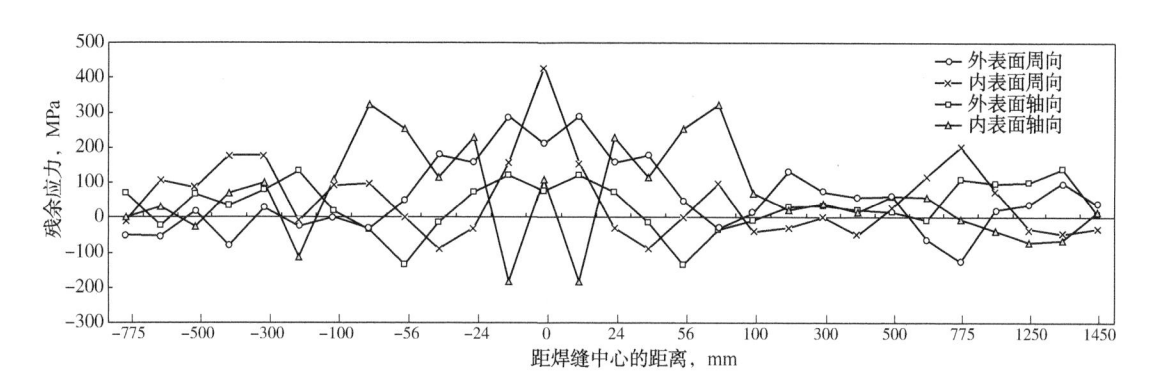

图4.12 3# SAWH焊管盲孔法测试残余应力分布

在焊缝及焊缝附近的-56~56mm范围内，外表面周向应力均为拉应力，内表面周向残余应力有拉有压，最高值达到430MPa(位于焊缝中心)。管体内外表面周向应力呈现拉压应力交替状态，且有对称趋势(对称轴不是0)；外表面周向应力平均值为39MPa，内表面周向应力平均值为15MPa；假设残余应力沿厚度线性分布，则内外表面的平均周向应力为27MPa。

焊缝中心内外表面轴向应力均为拉应力，热影响区外表面轴向应力最高为121MPa，内表面最高为213MPa。管体部分基本为拉压应力交替状态，且内外表面轴向应力有对称趋势。

试制该螺旋焊管所用板卷宽度为1550mm，故图4.12中1450测点相当于-100测点，1150测点相当于-400测点，依此类推。

综上所述，由H公司不同成型机组、不同成型参数生产的所处状态不同的三根X80 ϕ1219mm×18.4mm SAWH焊管的残余应力分布及水平各不相同，其中1[#] SAWH焊管的峰值及平均值最低，3[#] SAWH焊管次之，2[#] SAWH焊管最高。

4.1.4.2　X80 ϕ1219mm×22.0mm SAWH 焊管

测试钢管包括两个厂家试制的不同状态的X80 ϕ1219mm×22.0mm SAWH焊管，分别为H公司试制的经水压试验的H-1及经水压和防腐保温处理的H-2（与H-1为同一根焊管），B公司试制的经水压试验的B-1及经水压和防腐保温处理的B-2（与B-2非同一根焊管）。测试钢管管体测点布置如图4.13所示，焊缝区残余应力的测点位置为焊缝中心、左熔合区、右熔合区及热影响区。

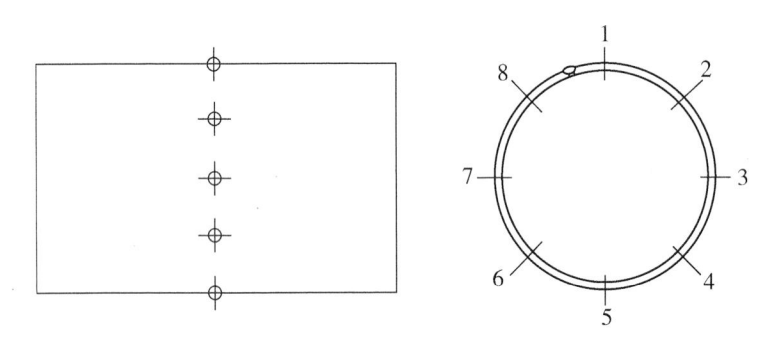

图4.13　测点分布

4根X80 SAWH焊管管体沿圆周方向的外表面周向及轴向残余应力、内表面周向及轴向残余应力的分布如图4.14所示[3]，各钢管管体内外表面周向及轴向残余应力平均值见表4.1，焊缝区周向及轴向残余应力见表4.2。

由图4.14及表4.1可知，不同厂家试制的X80 ϕ1219mm×22.0mm SAWH焊管管体残余应力的分布有不同的特点。H公司试制的H-1和H-2焊管，其管体外表面周向及轴向残余应力均为压应力，管体内表面周向及轴向应力基本上为残余拉应力；与H-1为同根焊管，经防腐保温处理的H-2焊管外表面的周向及轴向平均残余压应力绝对值低于H-1焊管，其内表面的周向及轴向平均残余拉应力亦低于H-1焊管。B公司试制的B-1和B-2焊管内外表面残余应力的分布状态与H-1和H-2焊管不同，B-1和B-2焊管管体外表面周向及轴向残余应力基本上为拉应力，管体内表面周向及轴向残余应力基本上为压应力；B-2 焊管外表面周向及轴向平均残余拉应力水平高于 B-1 焊管，其内表面周向及轴向平均残余压应力绝对值低于 B-1 焊管。

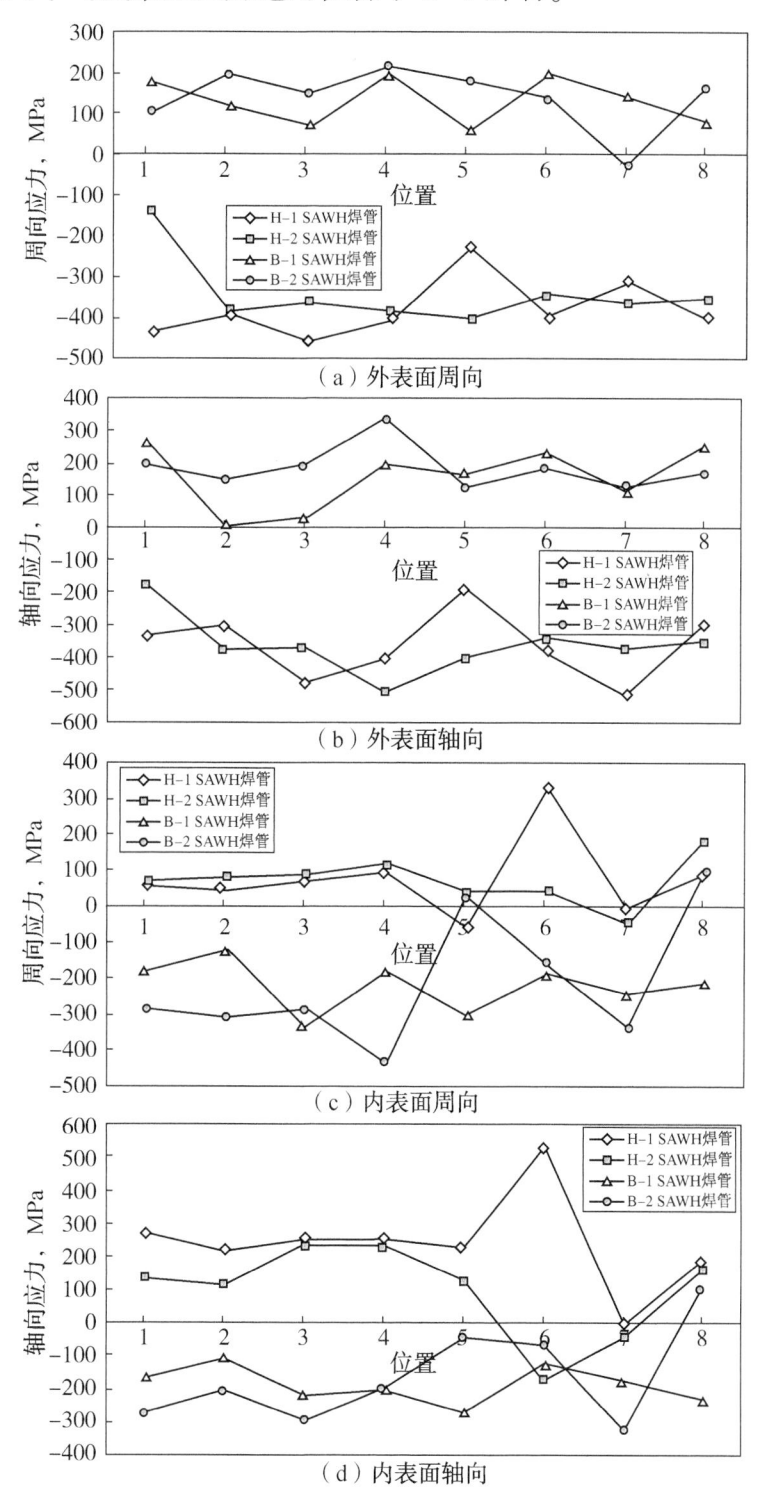

(a) 外表面周向

(b) 外表面轴向

(c) 内表面周向

(d) 内表面轴向

图 4.14　X80 ϕ1219mm×22.0mm SAWH 焊管沿管体圆周方向的残余应力分布

表 4.1　X80 ϕ1219mm×22.0mm SAWH 焊管管体内外表面残余应力平均值

单位：MPa

编号	外表面		内表面	
	周向应力	轴向应力	周向应力	轴向应力
H-1	-376	-361	79	243
H-2	-340	-358	75	101
B-1	132	160	-218	-185
B-2	142	184	-208	-161

表 4.2　X80 ϕ1219mm×22.0mm SAWH 焊管焊缝区残余应力

单位：MPa

编号	外焊缝								内焊缝							
	焊缝中心		左熔合区		右熔合区		热影响区		焊缝中心		左熔合区		右熔合区		热影响区	
	周向	轴向	周向	轴向	周向	轴向	周向	轴向	周向	轴向	周向	轴向	周向	轴向	周向	轴向
H-1	265	329	81	-146	-124	223	-305	75	115	230	358	-110	30	-151	255	-11
H-2	246	175	-198	28	37	118	-142	64	201	252	-181	190	248	78	123	239
B-1	304	202	285	74	6	161	-81	113	12	225	-1	60	-141	-143	268	155
B-2	343	167	24	151	59	330	166	245	53	153	4	123	90	94	-1	60

由表 4.2 可知，H-1 焊管外焊缝的周向及轴向残余应力峰值均出现在外焊缝中心，分别为 265MPa 和 329MPa；内焊缝周向残余应力峰值为 358MPa，出现在左熔合区，轴向残余应力峰值为 230MPa，出现在内焊缝中心。H-2 焊管外焊缝的周向及轴向残余应力峰值均出现在外焊缝中心，分别为 246MPa 及 175MPa；内焊缝周向残余应力峰值为 248MPa，出现在右熔合区，轴向残余应力峰值为 252MPa，出现在内焊缝中心。B-1 焊管外焊缝的周向及轴向残余应力峰值均出现在外焊缝中心，分别为 304MPa 及 202MPa；内焊缝周向残余应力峰值为 268MPa，出现在热影响区，轴向残余应力峰值为 225MPa，出现在内焊缝中心。B-2 焊管外焊缝周向残余应力峰值为 343MPa，出现在外焊缝中心，轴向残余应力峰值为 330MPa，出现在右熔合区；内焊缝周向残余应力峰值为 90MPa，出现在右熔合区，轴向残余应力峰值为 153MPa，出现在内焊缝中心。可见，对 X80 ϕ1219mm×22.0mm SAWH 焊管焊缝区来说，一般外焊缝中心残余应力较大。

4.2 UOE 直缝埋弧焊管的残余应力

4.2.1 X60 UOE 焊管

采用切块法对不同厂家生产的 X60 ϕ660mm×10.5mm 和 ϕ660mm×9.5mm UOE 焊管(经水压试验)进行残余应力测试。测试结果如图 4.15 及图 4.16 所示。

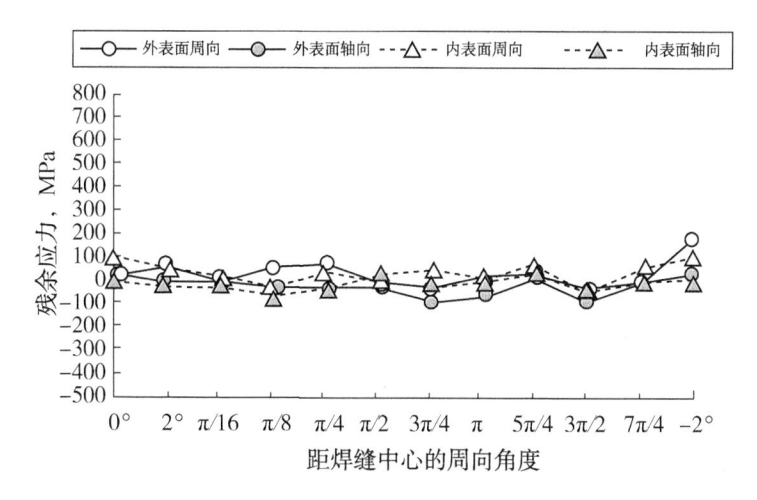

图 4.15 日本 X60 ϕ660mm×10.5mm UOE 焊管残余应力分布
0°位置为焊缝中心,2°及-2°位置分别为两侧热影响区

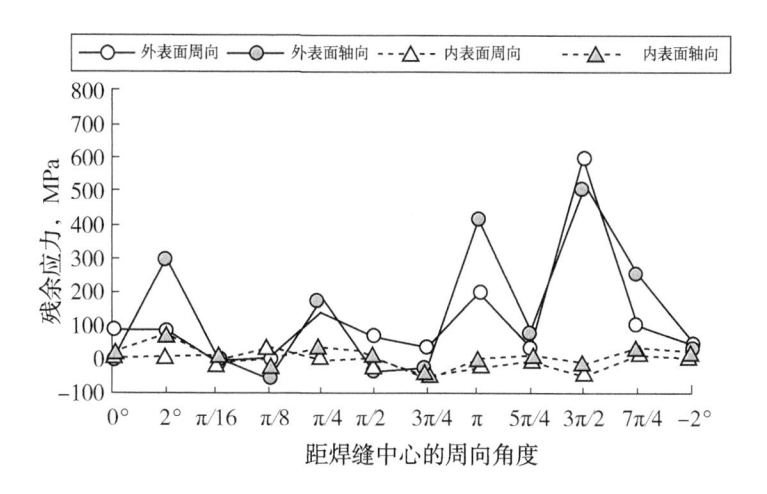

图 4.16 美国 X60 ϕ660mm×9.5mm UOE 焊管残余应力分布
0°位置为焊缝中心,2°及-2°位置分别为两侧热影响区

4.2.1.1　日本 X60 ϕ660mm×10.5mm UOE 焊管

日本 X60 ϕ660mm×10.5mm UOE 焊管残余应力总体分布均匀且数值较小，管体外表面周向残余应力绝对值的平均值为 29MPa，内表面为 37.9MPa。内、外表面残余应力有拉有压，外表面周向最大拉应力位于 $\frac{\pi}{4}$ 处，其数值为 68MPa；内表面周向最大拉应力位于 $\frac{5\pi}{4}$ 处，其值为 74MPa。焊缝及热影响区内外表面周向残余应力均为拉应力，焊缝内表面周向残余拉应力为 94MPa，热影响区外表面周向残余拉应力为 182MPa。测试结果如图 4.15 所示。

4.2.1.2　美国 X60 ϕ660mm×9.5mm UOE 焊管

与日本 X60 UOE 焊管相比，美国 X60 ϕ660mm×9.5mm UOE 焊管管体外表面周向残余应力绝对值的平均值显著增大，其值为 130MPa，而日本 X60 ϕ660mm×10.5mm UOE 焊管仅为 29MPa；外表面周向残余应力最大值达 589MPa，位于 $\frac{3\pi}{2}$ 处。内表面周向残余应力有拉有压，其绝对值的平均值为 21MPa，小于日本 UOE 焊管；内表周向残余应力最大值位于 $\frac{\pi}{8}$ 处，其值为 30MPa。内、外表面轴向残余应力均有拉有压；外表面轴向残余应力较大，最大值为 501MPa，位于 $\frac{3\pi}{2}$ 处。焊缝及热影响区内外表面周向残余应力均为拉应力，其焊缝外表面周向残余应力高于日本 X60 UOE 焊管，而焊缝及热影响区内表面周向残余应力均低于日本 X60 UOE 焊管。测试结果如图 4.16 所示。

美国及日本的 X60 UOE 焊管，成型方式相同，但扩径工艺不同（前者为水压扩径、后者为机械扩径），其残余应力的分布特点不同，日本 X60 UOE 焊管内、外表面残余应力分布较为均匀，而美国 X60 UOE 焊管外表面残余应力值远高于日本 X60 UOE 焊管，其内表面残余应力状态优于日本 UOE 焊管。

4.2.2　X80 UOE 焊管

4.2.2.1　X80 ϕ1219mm×18.4mm UOE 焊管

对进口 X80 ϕ1219mm×18.4mm UOE 焊管（经水压试验）采用盲孔法测试其残余应力，管体测点布置如图 4.13 所示，焊缝区外表面测点布置如图 4.17 所示[4]，测试结果如图 4.18 及图 4.19 所示[4]。

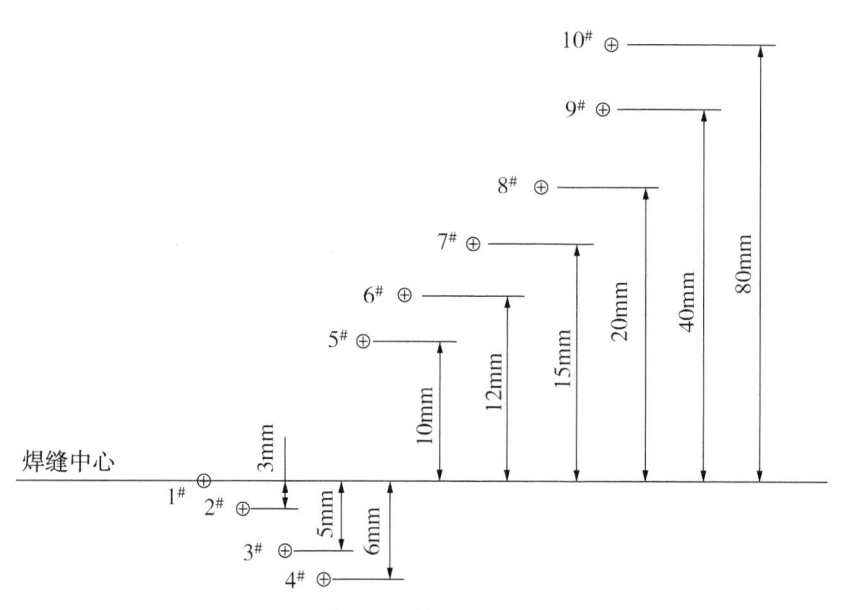

图 4.17　焊缝区外表面测点布置图

(a) 内外表面周向残余应力

(b) 内外表面轴向残余应力

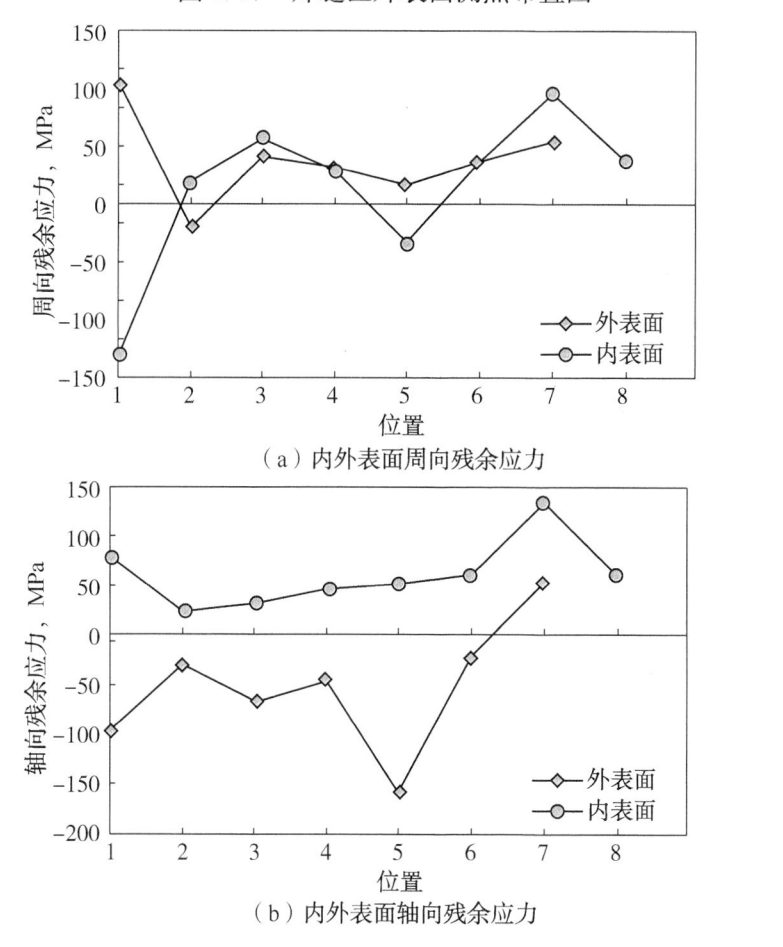

图 4.18　X80 ϕ1219mm×18.4mm UOE 焊管残余应力分布

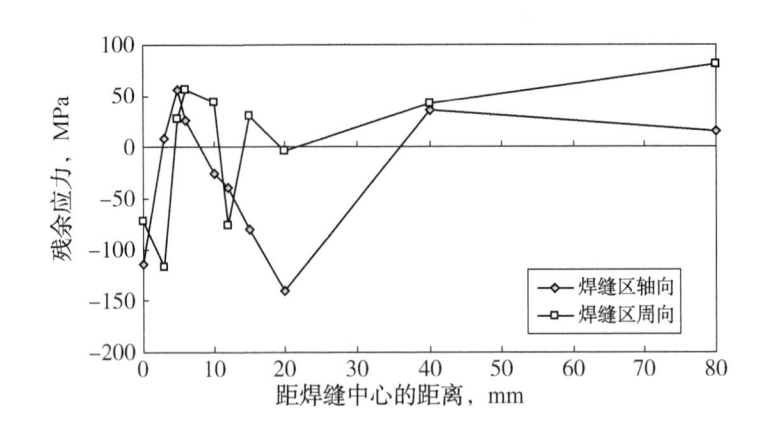

图 4.19　X80 ϕ1219mm×18.4mm UOE 焊管焊缝区外表面残余应力

由图 4.18 可见，该 X80 ϕ1219mm×18.4mm UOE 焊管整体上残余应力不高。其内外表面周向残余应力基本上表现为低值拉应力，分布较为均匀。焊管外表面轴向残余应力在整个圆周上基本表现为压应力，内表面轴向残余应力表现为拉应力，内外表面轴向残余应力有呈对称分布的趋势。轴向应力绝对值高于周向应力。

焊管峰值周向拉应力为 104MPa，周向残余压应力最大值为 -130MPa。轴向残余拉应力最大值为 133MPa；轴向残余压应力最大值为 -157MPa。除焊缝外，管体外表面平均周向应力为 27MPa，内表面平均周向应力为 35MPa；管体外表面平均轴向应力为 -40MPa，内表面平均轴向应力为 57MPa，厚度方向截面上平均应力为 9MPa。该焊管内表面基本上承受双向拉应力。

图 4.19 为焊管焊缝区外表面残余应力测试结果，图中横坐标为测点距焊缝的距离。可见，焊缝区外表面周向及轴向残余应力波动较大。焊缝中心周向及轴向应力均为压应力；近缝区 4~10mm 范围内周向应力为拉应力，而 12mm 测点出现压应力，更远处均为拉应力；在距焊缝中心 20mm 处出现最大轴向压应力，更远处为低值拉应力。

4.2.2.2　X80 ϕ1219mm×22.0mm UOE 焊管

对国产 X80 ϕ1219mm×22.0mm UOE 焊管（经水压试验）采用盲孔法测试其残余应力，管体测点布置如图 4.13 所示，焊缝区残余应力的测试位置为焊缝中心、左熔合区、右熔合区及热影响区。该焊管沿管体圆周方向的残余应力分布如图 4.20 所示[3]。

(a)外表面

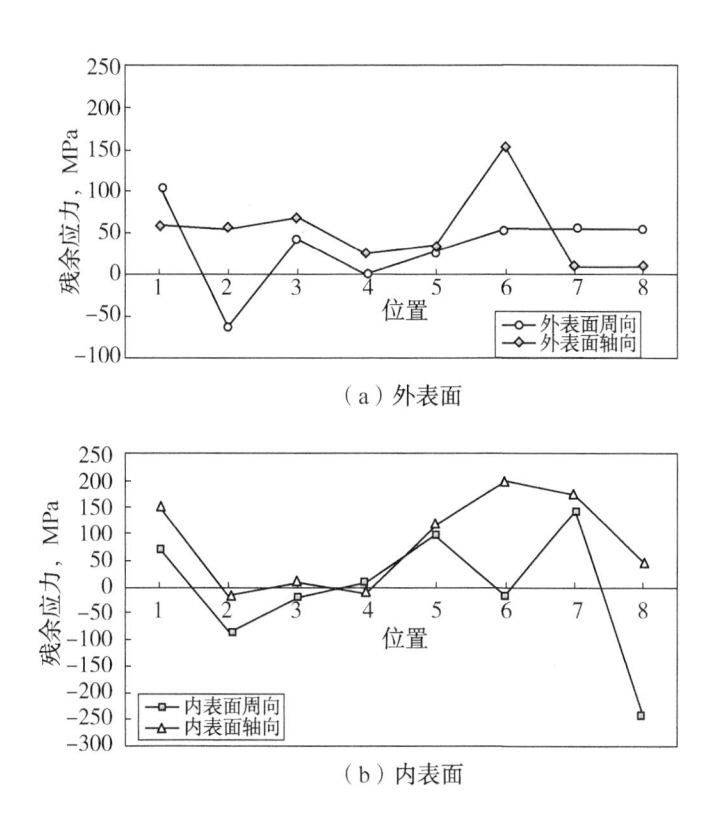

(b)内表面

图 4.20　X80 ϕ1219mm×22.0mm UOE 焊管管残余应力分布

可见，该 X80 ϕ1219mm×22.0mm UOE 焊管外表面的周向及轴向残余应力基本上为残余拉应力，其内表面周向及轴向残余应力则基本上表现为拉、压应力交替状态。焊管外表面周向及轴向残余应力的平均值分别为 33MPa 和 51MPa；其内表面的周向及轴向残余应力的平均值分别为 -6MPa 和 83MPa。

经测试，该 X80 UOE 焊管外焊缝中心的周向和轴向残余应力分别为 244MPa 和 -4MPa，左熔合区的周向和轴向残余应力分别为 134MPa 和 41MPa，右熔合区的周向及轴向残余应力分别为 232MPa 和 35MPa，热影响区的周向及轴向残余应力分别为 211MPa 和 86MPa；内焊缝中心的周向和轴向残余应力分别为 174MPa 和 62MPa，左熔合区的周向和轴向残余应力分别为 131MPa 和 -37MPa，右熔合区的周向及轴向残余应力分别为 200MPa 和 25MPa，热影响区的周向及轴向残余应力分别为 168MPa 和 55MPa。

4.3 JCOE 直缝埋弧焊管的残余应力

4.3.1 X80 ϕ1219mm×18.4mm JCOE 焊管

对国产 X80 ϕ1219mm×18.4mm JCOE 焊管（经水压试验）采用盲孔法测试其残余应力，管体测点布置如图 4.13 所示，焊缝区测点分别位于焊缝中心以及距焊缝中心 8mm，24mm 及 40mm 的位置。管体残余应力分布如图 4.21 所示，焊缝区残余应力分布如图 4.22 所示[4]。

由图 4.21 可见，管体内外表面周向残余应力基本为拉应力，内外表面轴向残余应力大部分为拉应力。假设残余应力沿厚度线性分布，则周向残余应力平均值约为 73MPa，轴向残余应力平均值约为 34MPa。

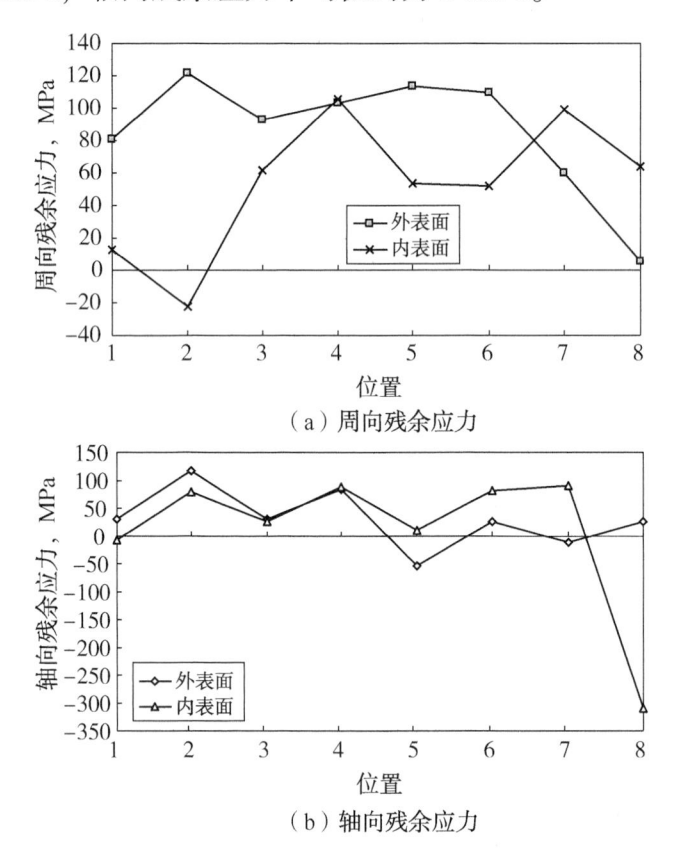

图 4.21 X80 ϕ1219mm×18.4mm JCOE 焊管管体残余应力分布

图 4.22(a)显示焊缝区内外表面周向残余应力关于焊缝中心呈对称分布，内表面残余应力平均值为 67MPa，外表面残余拉应力平均值约为 108MPa。假设沿厚度方向周向残余应力呈线性分布，则厚度方向截面上平均周向残余应力

为88MPa。焊缝中心内外表面周向残余应力均为拉应力。

图4.22(b)为焊缝区内外表面轴向残余应力分布情况。可见，焊缝区内外表面轴向应力亦关于焊缝中心呈对称分布。焊缝中心内外表面轴向残余应力为低值压应力和低值拉应力，焊缝中心两侧为较高拉应力。

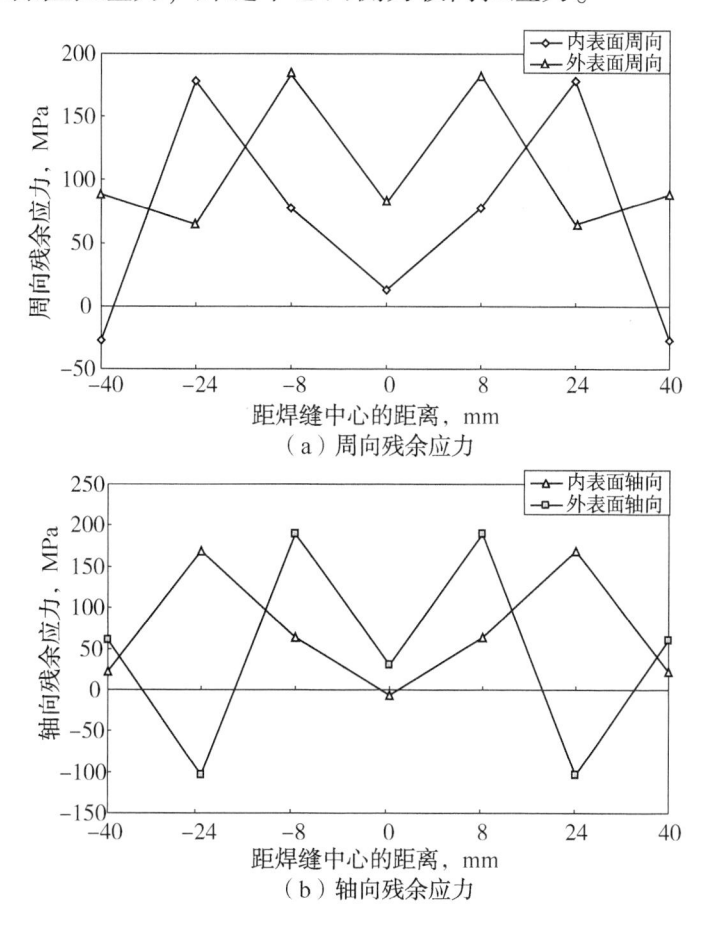

图4.22 X80 ϕ1219mm×18.4mm JCOE 焊缝区残余应力分布

4.3.2 X80 ϕ1219mm×22.0mm JCOE 焊管

测试焊管为两个厂家生产的经过水压试验的 X80 ϕ1219mm×22.0mm JCOE 焊管，编号分别为 J-B 及 J-J。管体测点布置如图4.13所示，焊缝区残余应力的测试位置为焊缝中心、左熔合区、右熔合区及热影响区。

编号为 J-B 的 X80 ϕ1219mm×22.0mm JCOE 焊管沿管体圆周方向的残余应力分布如图4.23所示。可见，该 JCOE 焊管外表面的周向及轴向残余应力基本上为拉应力；内表面周向残余应力则表现为拉应力与压应力交替状态，轴向残余应力基本上表现为残余拉应力。该焊管外表面周向及轴向残余应力的平均值分别为102MPa和127MPa；内表面的周向及轴向残余应力的平均值分别为-45MPa和62MPa。

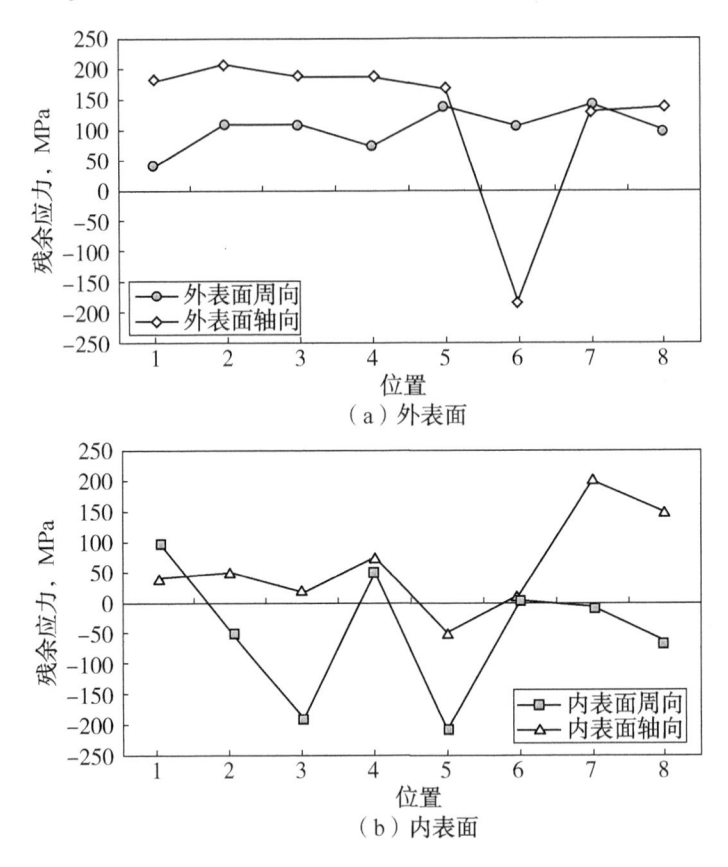

(a) 外表面

(b) 内表面

图4.23　J-B X80 ϕ1219mm×22.0mm JCOE焊管管体残余应力分布

编号为J-B的X80 JCOE焊管外焊缝中心的周向和轴向残余应力分别为291MPa和149MPa，左熔合区的周向和轴向残余应力分别为95MPa和-81MPa，右熔合区的周向及轴向残余应力分别为182MPa和90MPa，热影响区的周向及轴向残余应力分别为56MPa和165MPa；内焊缝中心的周向和轴向残余应力分别为214MPa和46MPa，左熔合区的周向和轴向残余应力分别为190MPa和-98MPa，右熔合区的周向及轴向残余应力分别为164MPa和130MPa，热影响区的周向及轴向残余应力分别为69MPa和11MPa。

编号为J-J的X80 ϕ1219mm×22.0mm JCOE焊管沿管体圆周方向的残余应力分布如图4.24所示[3]。可见，该JCOE焊管外表面的周向及轴向残余应力基本上呈现拉应力状态；内表面周向残余应力基本上表现为压应力，轴向残余应力基本上表现为拉压应力交替状态。该焊管外表面的周向及轴向残余应力的平均值分别为 63MPa 和 52MPa；内表面的周向及轴向残余应力的平均值分别为-91MPa 和-20MPa，即其内表面周向及轴向残余应力平均值均为压应力，焊管内表面基本上承受双向压应力。

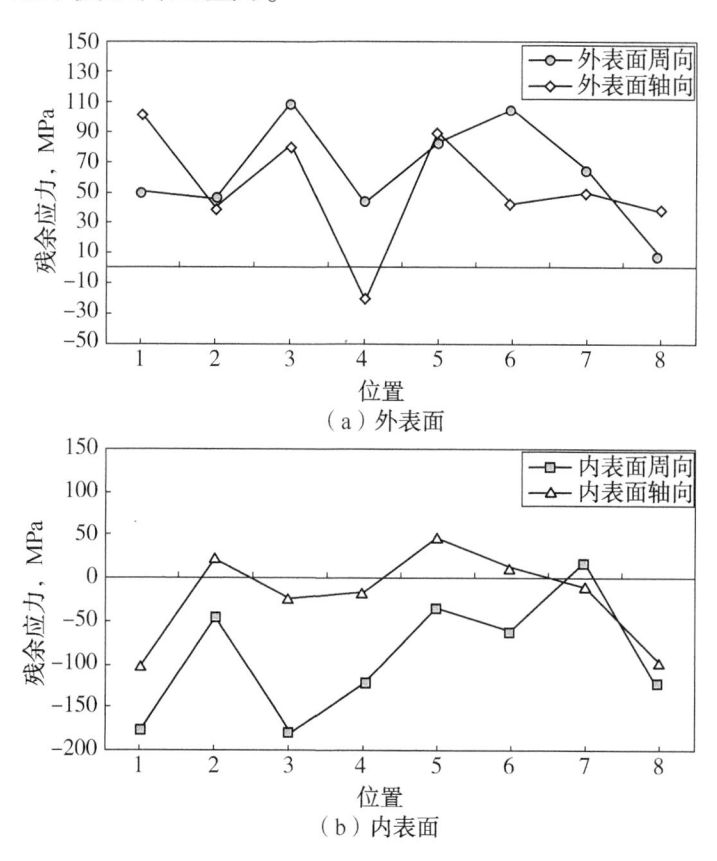

图 4.24　J-J X80 ϕ1219mm×22.0mm JCOE 焊管管体残余应力分布

编号为 J-J 的 X80 JCOE 焊管外焊缝中心的周向及轴向残余应力分别为 287MPa 和 51MPa，左熔合区的周向及轴向残余应力分别为-88MPa 和-36MPa，右熔合区的周向及轴向残余应力分别为 165MPa 和 13MPa，热影响区的周向及轴向残余应力分别为 90MPa 和-13MPa；内焊缝中心的周向及轴向残余应力分别为 216MPa 和 113MPa，左熔合区的周向及轴向残余应力分别为 192MPa 和-86MPa，右熔合区的周向及轴向残余应力分别为 117MPa 和-87MPa，热影响区的周向及轴向残余应力分别为 188MPa 和 21MPa。

4.4　高频焊管的残余应力

采用切块法对国产 TS52K ϕ377mm×6mm HFW 焊管进行残余应力测试，测试结果如图 4.25 所示。

该 HFW 焊管整个圆周上内表面周向残余应力均为压应力，平均值为 -120MPa，最大残余压应力位于距焊缝 3π/4 处，为-201MPa。外表面周向残余应力均为拉应力，平均值为 147MPa，最大残余拉应力亦位于距焊缝 3π/8 处，为 202MPa。HFW 焊管采用高频感应加热，加热速度很快，焊缝区较窄，约 0.5mm 热影响区亦较小，约 2.5mm。从测试结果来看，焊缝区域的残余应力与其他部位没有显著区别。

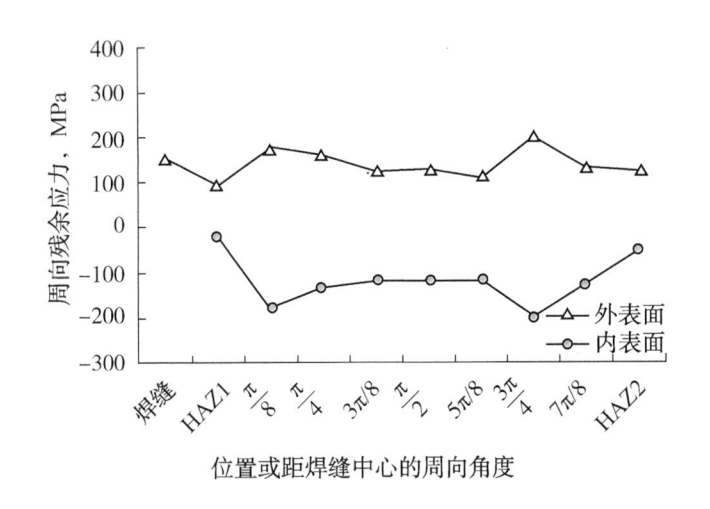

图 4.25　国产 TS52K φ377mm×6mm HFW 焊管残余应力分布

4.5　小结

通过对不同厂家、不同管型、不同钢级和不同规格的油气输送焊管残余应力的测试，可以得出以下结论：

（1）一般地，SAWH 焊管内外表面残余应力水平总体较高，JCOE 焊管次之，UOE 焊管内外表面残余应力水平总体最低。

（2）不同厂家、不同钢级和不同规格 SAWH 焊管管体残余应力的水平及分布有不同的特点，且差异较大。

（3）UOE 焊管和 JCOE 焊管管体外表面周向残余应力平均值基本上为拉应力，内表面周向残余应力平均值基本上为压应力，内外表面轴向残余应力较低。

（4）HFW 焊管的残余应力水平亦较低，其管体外表面周向残余应力为拉应力，内表面周向残余应力为压应力。

参 考 文 献

[1] 熊庆人，李霄，胥聪敏，等. 高钢级大口径焊管残余应力测试方法研究[J]. 理化检验-物理分册，2011，47(5)：265-269.

[2] 熊庆人，李霄，霍春勇，等."X80 大口径螺旋焊管残余应力的测试与分析"[J]. 机械工程材料，2011，35(10)：4-7.

[3] 熊庆人，杨扬，许晓锋，吕华. 切环法和盲孔法测试大口径厚壁 X80 钢级埋弧焊管的残余应力[J]. 机械工程材料，2018，42(12)：27-30.

[4] 熊庆人，李霄，霍春勇，等. 三种高钢级大口径焊管残余应力分布规律研究[J]. 焊管，2011，34(3)：12-17.

第5章 焊管残余应力预测与控制指标

如第3章所述，焊管残余应力测试常用的方法有盲孔法、机械切割应力释放法(切块法)、切环试验法和X射线衍射法等多种方法，研究结果表明盲孔法和切块法测试数据稳定，是试验室测试和分析焊管残余应力的较好方法。但在焊管实际生产中，这两种方法测试过程较为繁复，不可行。通常，采用切环试验作为焊管生产现场监控残余应力的方法，用切口张开量(弹复量)作为衡量残余应力的指标。这就需要分析管段切环试验后的变形特点及相应的产生原因，建立切环试验后管段的变形与残余应力之间的关系，以便从管段的变形情况来估测焊管的残余应力，进而提出焊管残余应力的控制指标。

5.1 不同管型焊管切环试验

5.1.1 直缝焊管

5.1.1.1 UOE焊管

(1) X80 ϕ1219mm×18.4mm UOE焊管。

对进口X80 ϕ1219mm×18.4mm UOE焊管，切取不同长度的管段进行切环试验，管段长度分别为100mm，300mm和500mm，切口位置为距焊缝100mm处，切割方法为火焰切割。测试结果见图5.1及表5.1。可见，X80 ϕ1219mm×18.4mm UOE焊管切环试验后仅发生周向张开，且张开量较小，无明显的轴向及径向变形。

(2) X80 ϕ1219mm×22.0mm UOE焊管。

对国产X80 ϕ1219mm×22.0mm UOE焊管切取不同长度的管段进行切环试验，管段长度分别为100mm，200mm，300mm和400mm，切口位置为距焊缝100mm处，切割方法为火焰切割。测试结果见图5.2及表5.2。可见，X80

ϕ1219mm×22.0mm UOE 焊管切环试验后亦仅发生周向张开，张开量亦较小，且无明显轴向及径向变形。

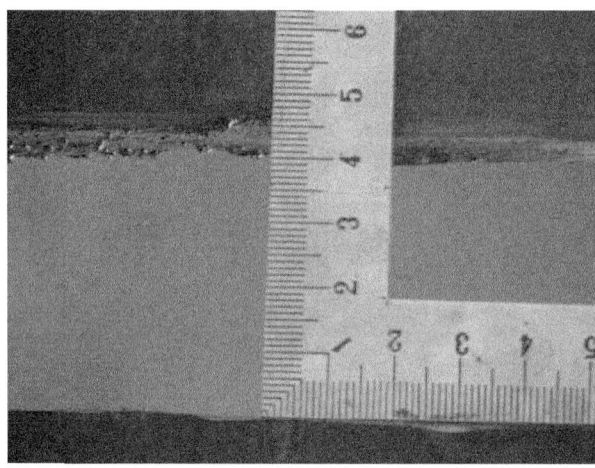

图 5.1　X80 ϕ1219mm×18.4mm UOE 焊管切环试验后形貌

表 5.1　X80 ϕ1219mm×18.4mm UOE 焊管切环试验结果

编号	管段长度 mm	管型	规格（外径×壁厚） mm×mm	周向张开量 mm	轴向错开量 mm	径向错开量 mm
U-1	100	UOE	1219×18.4	29	0	0
U-2	300	UOE	1219×18.4	42	0	0
U-3	500	UOE	1219×18.4	30	0	0

图 5.2　X80 ϕ1219mm×22.0mm UOE 焊管切环试验后形貌

表 5.2　X80 ϕ1219mm×22.0mm UOE 焊管切环试验结果

编号	管段长度 mm	管型	规格(外径×壁厚) mm×mm	周向张开量 mm	轴向错开量 mm	径向错开量 mm
U-1	100	UOE	1219×22.0	29	0	0
U-2	200	UOE	1219×22.0	32	0	0
U-3	300	UOE	1219×22.0	56	0	0
U-4	400	UOE	1219×22.0	40	0	0

5.1.1.2　JCOE 焊管

（1）X80 ϕ1219mm×18.4mm JCOE 焊管。

对国产 X80 ϕ1219mm×18.4mm JCOE 焊管切取不同长度的管段进行切环试验，管段长度分别为 100mm，200mm，300mm，420mm 和 450mm，切口位置为距焊缝 100mm 处，切割方法为火焰切割。测试结果见图 5.3 及表 5.3。可见，X80 ϕ1219mm×18.4mm JCOE 焊管切环试验后仅发生周向张开，无明显的轴向及径向变形。

图 5.3　X80 ϕ1219mm×18.4mm JCOE 焊管切环试验后形貌

表 5.3　X80 ϕ1219mm×18.4mm JCOE 焊管切环试验结果

编号	管段长度 mm	管型	规格(外径×壁厚) mm×mm	周向张开量 mm	轴向错开量 mm	径向错开量 mm
J-1	100	JCOE	1219×18.4	48	0	0
J-2	200	JCOE	1219×18.4	58	0	0
J-3	300	JCOE	1219×18.4	52	0	0
J-4	420	JCOE	1219×18.4	54	0	0
J-5	450	JCOE	1219×18.4	61	0	0

（2）X80 ϕ1219mm×22.0mm JCOE 焊管。

对国产 X80 ϕ1219mm×22.0mm JCOE 焊管切取不同长度的管段进行切环试验，

管段长度分别为 100mm，200mm，300mm 和 400mm，切口位置为距焊缝 100mm 处，切割方法为火焰切割。测试结果见图 5.4 及表 5.4。可见，X80 ϕ1219mm×22.0mm JCOE 焊管切环试验后亦仅发生周向张开，无明显轴向及径向变形。

(a) J-B焊管

(b) J-J焊管

图 5.4　X80 ϕ1219mm×22.0mm JCOE 焊管切环试验后形貌

表 5.4　**X80 ϕ1219mm×22.0mm JCOE 焊管切环试验结果**

编号	管段长度 mm	周向张开量 mm	轴向错开量 mm	径向错开量 mm
J-B	100	59	0	0
	200	77	0	0
	300	77	0	0
	400	77	0	0
J-J	100	65	0	0
	200	83	0	0
	300	68	0	0
	400	69	0	0

5.1.2 螺旋焊管

5.1.2.1 X60 SAWH 焊管

对不同厂家生产的 X60 螺旋焊管分别切取长度为 150mm 的管段进行切环试验，切口位置分别为焊缝、距焊缝 180°、距焊缝 90° 及距焊缝 270° 处。测试其周向张开量和轴向错开量，试验结果见图 5.5 和表 5.5。可以看出，S 公司未水压 X60 焊管切环试验后的周向张开量最大达 660mm，而 H 公司经水压试验焊管切环试验后周向张开量较小，为 23mm。

图 5.5 切环试验后形貌

表 5.5 X60 SAWH 焊管环切试验结果

钢级	焊管规格 （外径×壁厚） mm×mm	生产厂家	工艺	切口位置	周向张开量 mm	轴向错开量 mm
X60	660×7.1 （图 5.5 中 2#）	S 公司	未水压	焊缝	660	60
				180°	440	10
				90°	515	40
				270°	520	20
X60	660×8.7 （图 5.5 中 3#）	Y 公司	水压	焊缝	135	27
				180°	70	5
				90°	125	15
				270°	75	18
X60	660×7.1	H 公司	未水压	焊缝	−55	17
			水压	焊缝	23	15

5.1.2.2 X70 SAWH 焊管

对不同厂家试制的 X70 ϕ1016mm×14.7mm SAWH 焊管，分别截取长度为 150mm 的管段进行切环试验，在距焊缝 100mm 处沿管段轴向切开，测量切口的周向张开量、轴向及径向错开量。试验结果见表5.6,切环试验后管段的形貌如图5.6和图5.7所示。

表5.6 X70 SAWH 焊管切环法残余应力试验结果

生产厂家及试样编号		切口位置	周向张开量 mm	轴向错开量 mm	径向错开量 mm
S公司	S-1	距焊缝100mm	97	90	17
	S-2	距焊缝100mm	38	32	15
	S-3	距焊缝100mm	78	57	19
B公司		距焊缝100mm	200	85	35
H公司		距焊缝100mm	−83	12	26
L公司		距焊缝100mm	−32	75	23

图5.6 S公司 X70 SAWH 焊管切环试验后形貌

图5.7 B公司、L公司及H公司 X70 SAWH 焊管切环试验后形貌

5.1.2.3 X80 SAWH 焊管

(1) X80 $\phi1219mm \times 18.4mm$ SAWH 焊管。

对于试制的 1#、2#和 3# X80 $\phi1219mm \times 18.4mm$ SAWH 焊管,切取不同长度的管段进行切环试验,管段长度分别为100mm,200mm,300mm和450mm,切口位置为距焊缝100mm处,切割方法为火焰切割。测试结果见图5.8及表5.7。

由图5.8及表5.7可见,1# X80 螺旋焊管切环试验后在周向、轴向有明显变形,而径向变形不明显;2# X80 螺旋焊管切环试验后呈内插状态,且轴向及径向变形明显；3# X80 螺旋焊管的周向张开量、轴向及径向错开量均较 1# X80 螺旋焊管大。

(a) 1# 螺旋焊管

(b) 2# 螺旋焊管

(c) 3# 螺旋焊管

图 5.8　X80 ϕ1219mm×18.4mm SAWH 焊管切环试验后形貌

表 5.7　X80 ϕ1219mm×18.4mm SAWH 焊管切环试验结果

编号	管段长度 mm	周向张开量 mm	轴向错开量 mm	径向错开量 mm
1#	100	19	99	8
	200	20	90	8
	300	28	91	2
	450	25	92	6

续表

编号	管段长度 mm	周向张开量 mm	轴向错开量 mm	径向错开量 mm
2#	100	−222	71	30
	200	−233	86	31
	300	−212	83	25
	450	−242	95	43
3#	100	66	84	38
	200	74	78	96
	300	57	110	77
	450	63	96	117

（2）X80 ϕ1219mm×22.0mm SAWH 焊管。

对于 H 公司试制的 H-1 和 H-2 及 B 公司试制的 B-3 和 B-4 X80 ϕ1219mm×22.0mm SAWH 焊管，切取不同长度的管段进行切环试验，管段长度分别为 100mm，200mm，300mm 和 400mm，切口位置为距焊缝 100mm 处，切割方法为火焰切割。测试结果见图 5.9 及表 5.8。

(a) H-1 SAWH焊管

(b) H-2 SAWH焊管

图 5.9 X80 ϕ1219mm×22.0mm SAWH 焊管切环试验后形貌

(c) B-1 SAWH焊管

(d) B-2 SAWH焊管

图 5.9　X80 ϕ1219mm×22.0mm SAWH 焊管切环试验后形貌(续)

表 5.8　**X80 ϕ1219mm×22.0mm SAWH 焊管切环试验结果**

编号	管段长度 mm	周向张开量 mm	轴向错开量 mm	径向错开量 mm
H-1 (水压)	100	-68	28	22
	200	-89	27	22
	300	-70	37	22
	400	-80	17	22
H-2 (水压保温)	100	-68	25	22
	200	-80	18	22
	300	-75	20	22
	400	-81	11	22
B-1	100	80	81	40
	200	80	81	39
	300	64	81	36
	400	68	72	16

续表

编号	管段长度 mm	周向张开量 mm	轴向错开量 mm	径向错开量 mm
B-2	100	85	100	46
	200	91	103	38
	300	74	105	23
	400	50	105	10

由图5.9及表5.8的测试结果可知，H-1和H-2及B-1和B-2共4根X80 φ1219mm×22.0mm螺旋焊管在切环试验后沿周向、轴向及径向均有变形。

H-1和H-2 X80焊管的周向张开量均为负值，即出现内插现象，而且变形较为复杂，除发生周向变形外，还发生了一定的轴向错开和径向错开。H-2焊管的各个管段切环试验后的周向张开量与H-1焊管相应长度的管段相比变化不大，轴向错开量减小相对明显，径向错开量基本相同。如H-1焊管的200mm管段，其周向张开量为-89mm，轴向错开量为27mm，径向错开量为22mm；经防腐保温处理后，管段切环试验后各个方向的变形有所减小，如H-2焊管的200mm管段，其周向张开量为-80mm，轴向错开量为18mm，径向错开量为22mm。

B-1和B-2焊管切环试验后的变形情况较为复杂，各个方向的变形量均较大。与H-1和H-2焊管管段不同，B-1和B-2焊管各管段的周向张开量均为正值，表现为周向张开，各管段的轴向错开量和径向错开量也较大。如，B-1和B-2焊管200mm管段的周向张开量、轴向错开量及径向错开量分别为80mm，81mm和39mm及91mm，103mm和38mm。

5.2 切环试验管段变形形式

5.2.1 焊管切环试验变形特点

5.2.1.1 直缝焊管

一般地，直缝焊管切环试验后仅出现周向张开，并且张开量一般较小，如图5.1至图5.4及表5.1至表5.4所示。

直缝焊管切环试验后管段的变形形式的特点与其成型工艺密切相关。直缝埋弧焊管主要有两种成型方式，即U-O成型和J-C-O成型。

UOE 焊管通过整体模具同时成型,如图 2.15(a)所示,先后经历弯边、U 成型及 O 成型,随后进行焊接、扩径和水压等工艺过程。在弯边、U 成型和 O 成型过程中,板料在长度方向同时成型,变形量大,且在长度方向不存在由于先后成型而产生的相互作用,所以管端较整齐,错动小,轴向应力小。经 O 成型后,焊管的开口间隙小,焊后产生的周向应力较低。在扩径过程中由于焊管受膨胀头的作用发生塑性变形,使直径更加均匀的同时也消除了一部分残余应力。

JCOE 焊管成型是渐进式多步模压成型,如图 2.15(b)所示,钢板由数控系统实现圆形,沿长度方向钢板各部位变形均匀。变形主要为周向变形,轴向变形很小,残余应力分布均匀性较 UOE 焊管差。成型后同样有冷扩径工序,在扩径过程中由于焊管受膨胀头的作用发生塑性变形,使直径更加均匀,同时也消除了一部分残余应力。

5.2.1.2 螺旋焊管

螺旋焊管由于成型方式与直缝焊管不同,管段沿轴向切开后往往呈现出复杂的变形情况,如图 5.5 至图 5.9 及表 5.5 至表 5.8 所示。

螺旋焊管切环试验后管段的变形形式的特点亦与其成型工艺密切相关,其成型过程如图 2.20 所示,图 5.10 为螺旋缝埋弧焊管成型机组。

图 5.10 螺旋缝埋弧焊管成型机组

从螺旋焊管的成型机理分析,其周向变形产生的原因是成型过程中在成型辊的作用下板材沿周向流动,发生周向变形;轴向变形产生的原因在于板料送进角度与焊管轴线有一夹角(即成型角),故当材料能够自由流动时就会产生轴向回弹,如图 5.11(a)所示;径向变形产生的原因是由于板料压制时焊管周向各处的曲率半径不一致而造成径向回弹不一致,如图 5.11(b)所示。

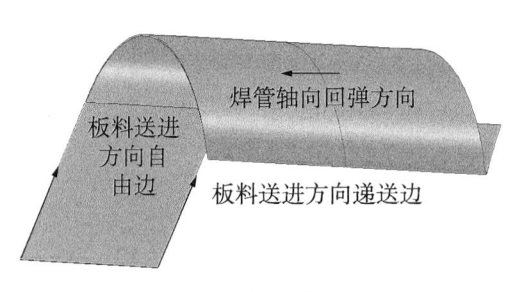

(a) 轴向回弹　　　　　(b) 周向回弹及径向回弹

图 5.11　螺旋焊管的回弹

由于螺旋焊管在成型过程中受力比较复杂，既有弯曲应力又有剪切应力；不同管厂的成型机组各有其特点，成型工艺亦不相同，因此，切环试验后管段的变形情况各异，残余应力的水平及分布状态亦不相同。

在螺旋焊管成型过程中，成型参数过小(或过大)，压下量不足(或过大)，在成型辊的作用下板材沿周向变形不足(或过量)，经过焊接后该变形就储存于焊管中。当压下量不足时，切环试验后会发生周向张开现象；当压下量过大时，切环试验后会发生周向内插现象。

在成型过程中，板料送进角度与焊管轴线有一夹角(即成型角)，轴向错动是由于板料沿成型角方向递送造成的，与牵引力有关，而与成型辊的下压量无关。

径向错动产生的原因是由于板料压制时焊管周向各处受力不均匀，不同部位曲率半径不一致，从而使切环试验后各部分拘束不同而造成径向回弹不一致形成的。

5.2.2　切环试验变形模式

一般来说，切环试验时管段的变形模式有三种，即张开型、内插型和微量变形型，如图 5.12 所示。产生这三种变形的根本原因是焊管成型参数的不同。

图 5.12(a)所示的变形模式说明焊管成型过程中成型参数选择较合适。三辊弯板机 2#成型辊[图 2.20(b)]压下所造成的板材的曲率与焊管所要求的曲率接近，且板材在成型过程中内外表面的变形量基本对称，中性层基本处于板料厚度的中心位置，如图 5.13 所示。在这种情况下，切环试验后仅发生少量的周向变形(少量的张开或内插)，无明显的径向错位，周向残余应力较小。

(a) 微量变形型

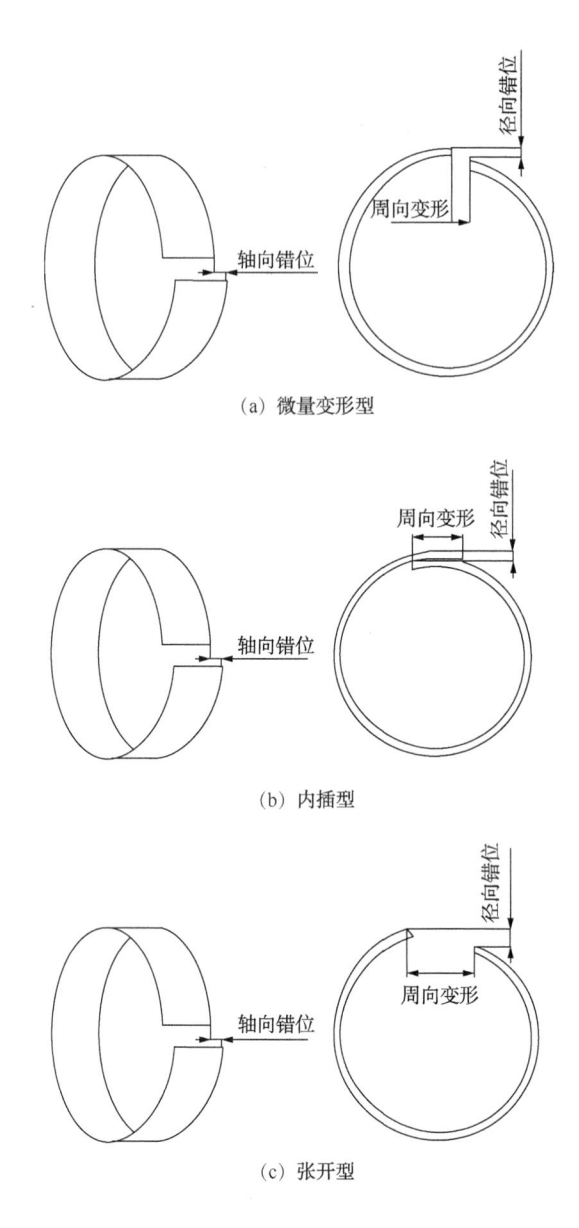

(b) 内插型

(c) 张开型

图 5.12　螺旋焊管切环试验变形模式

图 5.12(b)所示的内插型变形形成过程如图 5.14 所示。当 2#辊压下量过大时，造成板材变形量过大，使得成型后的管坯原始直径小于最终要求的管径。螺旋焊管的成型过程为动态连续成型，若外表面摩擦较小，也会造成成型后的管坯原始管径过小，叠加板料弯曲产生的应力后形成如图 5.14(a)所示的应力状态，外表面为低值拉应力，内表面为较高压应力。为保证焊管外径满足规范要求，采用辅助成型辊将管坯从内向外撑开，使其半径变大。此时管坯中

的残余应力如图 5.14(c)所示，内表面为较高拉应力，外表面为低值拉应力或压应力。切环试验后内表面收缩量大于外表面收缩量，从而导致管段回弹至较小的半径，即发生了内插变形。

图 5.12(c)所示的张开型变形形成过程如图 5.15 所示。当 2#辊压下量过小时，造成板材变形量过小，使得成型后的管坯原始直径大于最终要求的管径。同时，若外表面摩擦较大，内表面摩擦较小，也会造成成型后的管坯原始管径过大，叠加板料弯曲产生的应力后形成如图 5.15(a)所示的应力状态。为保证焊管外径满足规范要求，采用辅助成型辊将管坯从外向内压下，使其半径变小。此时焊管中的残余应力如图 5.15(c)所示，外表面为较高拉应力，内表面为低值压应力。切环试验后外表面收缩量大于内表面收缩量，从而导致管段回弹至较大的半径，即管段产生了周向张开，发生了张开变形。

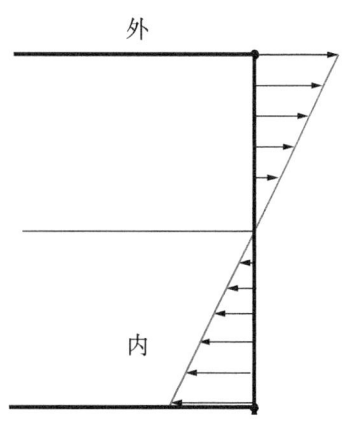

图 5.13 压下量适中时板料截面上的周向应力示意图（少量张开）

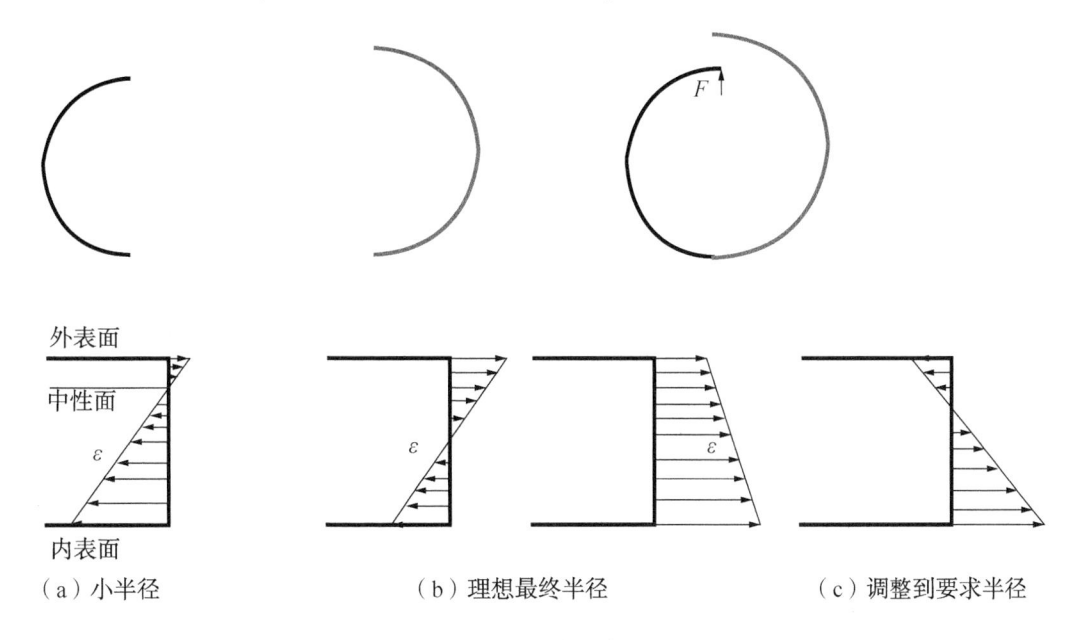

（a）小半径　　（b）理想最终半径　　（c）调整到要求半径

图 5.14 内插型变形及其残余应力的形成过程

上述分析表明，螺旋焊管切环试验所呈现的三种典型变形形式与成型参数直接相关，直接反映了焊管残余应力的水平及状态。当压下量较为合适时，焊管内周向残余应力较低，管段的周向张开量或内插量较小；当压下量过大时，

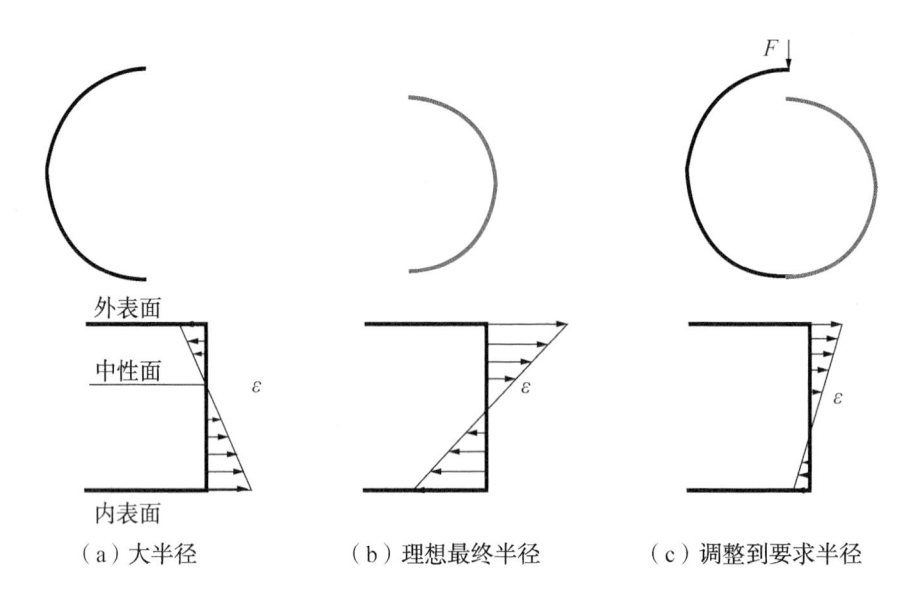

(a) 大半径　　　　　　　(b) 理想最终半径　　　　　(c) 调整到要求半径

图 5.15　张开型变形及其残余应力的形成过程

切环试验变形形式为内插型,其外表面周向残余应力可能是压应力或低值拉应力,内表面拉应力值较高;当压下量过小时,切环试验变形形式为张开型,外表面受拉,内表面受压,压应力水平较低。

图 5.16 是螺旋焊管切环试验后的典型变形情况,分别对应上述三种变形模式。

(a) 微量变形型:X70 SAWH焊管

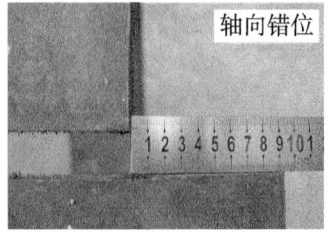

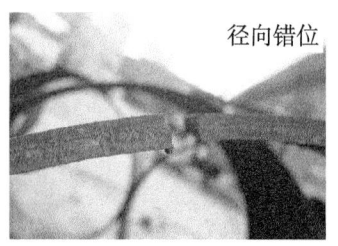

(b) 微量变形型:X80 SAWH焊管

图 5.16　螺旋焊管切环试验典型变形情况

(c) 内插型:X70 SAWH焊管

周向及径向变形　　　轴向错位

(d) 内插型：X80 SAWH焊管

(e) 张开型：X60 SAWH焊管

周向及轴向变形　　　径向错位

(f) 张开型:X80 SAWH焊管

图 5.16　螺旋焊管切环试验典型变形情况(续)

直缝焊管切环试验后的变形形式均为张开型，且均无轴向及径向错开，如图 5.1 至图 5.4 所示。

5.3 国内外现有焊管残余应力预测模型

5.3.1 现有焊管残余应力预测模型

根据焊管管段切环试验的变形来估算焊管内的残余应力，有许多学者都曾做过这方面的研究工作。根据板的弹塑性理论，做如下假设：

（1）管段切开后切口的周向张开间距近似为弧长，如图 5.17 所示；

（2）不考虑形变强化效应；

（3）材料各向同性。

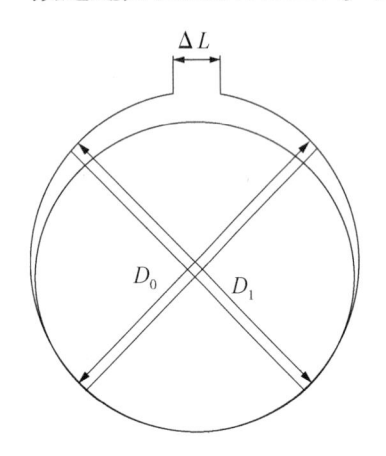

图 5.17 切口周向张开间距

在此基础上，通过不同方法将切口周向张开量换算成周向应力。

（1）文献[1]提出的残余应力计算公式为：

$$\sigma_\theta = \left(1 - \frac{3h^2 - 4\delta^2}{2h^2}\right)\sigma_s \qquad (5.1)$$

式中　h——壁厚的一半，mm；
　　　δ——弹性变形区域的高度（图 5.18），mm；
　　　σ_s——材料的屈服强度，MPa。

其中弹性变形区域的高度 δ，在实际的测试中，一般情况下很难准确确定。

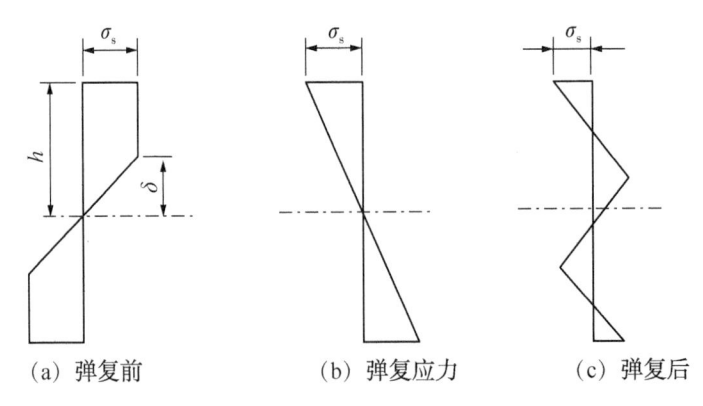

(a) 弹复前　　(b) 弹复应力　　(c) 弹复后

图 5.18 切环试验过程应力变化示意图[1]

（2）日本的厂家以及 Aramco 公司提出的计算公式中均考虑了弹性模量、

壁厚、直径和切口周向张开量的影响，所不同的是函数关系不同。日本公式将其作为平面应变问题处理，解析推导过程简单明了，Aramco 公司公式在此基础上进行了修正。公式如下：

日本公式[2]

$$\sigma_\theta = \frac{Et}{(1-\nu^2)} \left(\frac{1}{D_0} - \frac{1}{D_1} \right) \quad (5.2)$$

Aramco 公司公式[3]

$$\sigma_\theta = \frac{Et\Delta L}{2.566R^2} - \frac{0.1154R^2}{t} \quad (5.3)$$

式中 ΔL——切口周向张开量，mm；

R——焊管半径，mm；

D_0——焊管直径，mm；

D_1——焊管切开后的直径，mm；

E——弹性模量，MPa；

ν——泊松比；

t——壁厚，mm。

（3）在上述同样基础上文献[4]给出了周向残余应力计算公式，该公式实质与日本公式相同，但是将其作为平面应力问题考虑：

$$\sigma_\theta = \frac{E\Delta Lt}{2R(2tR+\Delta L)} \quad (5.4)$$

（4）文献[5]在平面应变假设、忽略形变强化、材料各向同性的条件下，给出将壁厚为 t 的钢板制成半径为 R 的焊管再释放回弹后半径为 R'，其回弹过程产生的应力释放为：

$$\Delta\sigma = \sigma - \sigma' = Ex\left(\frac{1}{4R} - \frac{1}{4R'}\right) \quad (0 \leqslant x \leqslant t/2) \quad (5.5)$$

该方法假设中性面在板厚中心，应力在厚度方向呈线性对称分布，与式(5.2)的日本公式相同，所不同的是给出了残余应力沿厚度方向的处理方法。

5.3.2 现有预测模型存在的问题

螺旋缝埋弧焊管管段在切环试验后往往沿周向、轴向和径向三个方向呈现复杂的变形情况，如图 5.16 所示。但上述公式均只给出了针对管段切开后切口两边对称张开情况下，焊管残余应力的推算方法，尚无针对实际螺旋缝埋弧焊管管段沿轴向切开后所呈现出的复杂变形情况下的残余应力的推算方法，因此，目前对油气输送焊管残余应力的预测评价方法尚不完善。

正确评估油气输送管道用焊管尤其是高钢级大口径螺旋缝埋弧焊管在沿轴向切开后所呈现出的复杂变形情况下的残余应力，不仅对于油气输送焊管的安全使用具有十分重要的意义，而且对于高钢级大口径焊管残余应力的实际控制和质量的提高均具有重要意义。

5.4 焊管切环试验后残余应力应变分析

采用切环试验将螺旋缝埋弧焊管管段沿轴向切开后，切口两边往往会发生复杂的位置变化，从而将管段中所储存的残余应力释放出来。图 5.19 是焊管在切环试验中沿轴向切割后的变形示意图。理论上，可以根据切口两边所发生的位置变化(位移)，得到相应的应变，进而按照一定程序就可推算出残余应力。

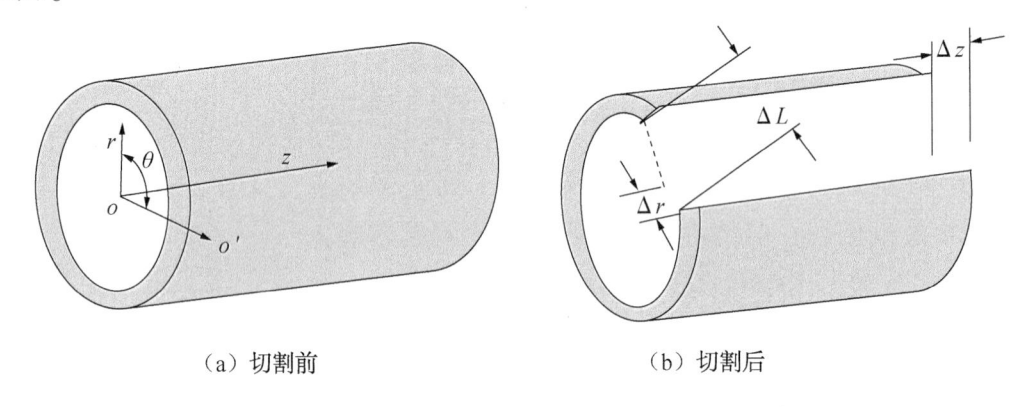

（a）切割前　　　　　　　　　（b）切割后

图 5.19　切环试验管段沿轴向切开后的变形示意图

因此，必须从螺旋缝埋弧焊管管段沿轴向切开后所呈现出的复杂变形特征的实际出发，通过受力分析，从而建立相应的评价方法。

如图 5.19 所示，通常管段切环试验沿轴向切开后，沿切口两侧的两个边在轴向会发生错位 Δz(轴向错开量)、沿周向张开 ΔL(周向张开量)，并且两边所在圆周也可能发生错位 Δr(径向错开量)。

若焊管的原始直径为 D、壁厚为 h，则沿轴向切开后，在圆柱坐标系下对各个方向的应变进行分析。

5.4.1　焊管沿轴向切开后仅有周向张开的情形

在 $\Delta L<D$ 条件下，仅考虑管段切开后发生周向张开的情形，按照应力应变

分析原理，可分析图5.19中相应的应力分量。

在制管的弯曲过程中，板中性层不变，外表面的应变 ε 与板弯曲后焊管直径 D 之间的关系为[6]：

$$\varepsilon = \frac{h}{D} \tag{5.6}$$

管段切开后，管壁所在圆周发生变化，若周向张开量为 ΔL，将其近似为切口处弧长，则管段切开后管壁所在圆周直径 $D_1 \approx (\pi D + \Delta L)/\pi = D + \Delta L/\pi$，板中性层不变，外表面的应变 ε_1 与直径 D_1 之间的关系为[6]：

$$\varepsilon_1 \approx \frac{h}{D_1} = \frac{h}{D + \Delta L/\pi} \tag{5.7}$$

式(5.6)和式(5.7)之差反映了管段内的周向残余应变 $\varepsilon_{\theta\theta}$，则周向残余应变 $\varepsilon_{\theta\theta}$ 和相应的残余应力 $\sigma_{\theta\theta}$ 为：

$$\varepsilon_{\theta\theta} = \varepsilon - \varepsilon_1 = \frac{h\Delta L}{\pi D^2 + D\Delta L}$$

$$\sigma_{\theta\theta} = E\varepsilon_{\theta\theta} \tag{5.8}$$

其余应力为零，E 为管材的弹性模量。

5.4.2 焊管沿轴向切开后仅有轴向错位的情形

在 $\Delta z \ll D$ 条件下，仅考虑管段切开后发生轴向错位的情形，相应地，应力分量为[7]：

$$\sigma_{\theta z} = \sigma_{z\theta} = -\frac{G\Delta z}{2\pi}\left[\frac{1}{r} - \frac{2r}{\left(\frac{D}{2} - h\right)^2 + \left(\frac{D}{2}\right)^2}\right] \quad \left(\frac{D}{2} - h \leqslant r \leqslant \frac{D}{2}\right) \tag{5.9}$$

由式(5.9)可见，残余应力 $\sigma_{\theta z}$（或 $\sigma_{z\theta}$）是随径向位置 r 的不同而变化的，但在同一圆周上则为同一定值。

由于 $h \ll D$，则在管段外表面处，有：

$$\sigma_{\theta z} = \sigma_{z\theta} \approx \frac{2G\Delta z h}{\pi D^2} \tag{5.10}$$

其余应力为零，G 为管材的剪切模量，且 $G = \dfrac{E}{2(1+\nu)}$。

5.4.3 焊管沿轴向切开后仅有径向错位的情形

在 $\Delta r \ll D$ 条件下，仅考虑管段切开后发生径向错位的情形，相应地，应力分量为[7]：

$$\sigma_{\theta\theta} = -\frac{E\Delta r}{4\pi\left[\left(\frac{D}{2}-h\right)^2+\left(\frac{D}{2}\right)^2\right]}\left[3r-\frac{\left(\frac{D}{2}-h\right)^2\left(\frac{D}{2}\right)^2}{r^3}-\frac{\left(\frac{D}{2}-h\right)^2+\left(\frac{D}{2}\right)^2}{r}\right]\sin\theta$$

$$\sigma_{rr} = -\frac{E\Delta r}{4\pi\left[\left(\frac{D}{2}-h\right)^2+\left(\frac{D}{2}\right)^2\right]}\left[r+\frac{\left(\frac{D}{2}-h\right)^2\left(\frac{D}{2}\right)^2}{r^3}-\frac{\left(\frac{D}{2}-h\right)^2+\left(\frac{D}{2}\right)^2}{r}\right]\sin\theta$$

$$\sigma_{r\theta} = \frac{E\Delta r}{4\pi\left[\left(\frac{D}{2}-h\right)^2+\left(\frac{D}{2}\right)^2\right]}\left[r+\frac{\left(\frac{D}{2}-h\right)^2\left(\frac{D}{2}\right)^2}{r^3}-\frac{\left(\frac{D}{2}-h\right)^2+\left(\frac{D}{2}\right)^2}{r}\right]\cos\theta$$

$$\frac{D}{2}-h \leqslant r \leqslant \frac{D}{2} \tag{5.11}$$

由式(5.11)可知，径向错位引起的环中应力分布极不均匀，且与切口位置相关性很强。但由于 $\sigma_{\theta\theta}$，σ_{rr} 和 $\sigma_{r\theta}$ 随极角 θ 以简谐函数形式变化，它们沿圆周的平均值为0，因而对于管道中的平均应力没有贡献。更为重要的是，在 $\theta=0$ 即切口位置上，$\sigma_{\theta\theta}$ 和 σ_{rr} 为零，$\sigma_{r\theta}$ 在焊管内外表面(即 $r=D/2-h$ 和 $r=D/2$ 处)数值为零，在焊管壁厚几何中性面(即 $r=D/2-h/2$ 处)上的数值仅为 $\frac{E\Delta r h^2}{2\pi D^3}$，与周向张开 ΔL 和轴向错位 Δz 对应力的贡献相比，其表达式是后者的 h/D 倍。通常 h/D 数值很小，所以径向错位 Δr 引起的环中面应力 $\sigma_{r\theta}$ 也是很小的，可以略去不计。

若只关心焊管中的平均应力，可不考虑切环试验中径向错位引起的环中应力。

在焊管外表面，即 $r=D/2$ 处，有：

$$\sigma_{\theta\theta} \approx -\frac{2E\Delta r h}{\pi D^2}\sin\theta \tag{5.12}$$

其他应力数值为零。

5.4.4 焊管沿轴向切开后的综合分析

进一步，按照弹性力学叠加原理，可得到切环试验的环中平均残余应力的分布情况。

在 $h \ll D$，$\Delta z \ll D$ 和 $\Delta L < D$ 等条件下，相应地，应力分量为：

由应力矩阵 $\boldsymbol{\sigma} = \begin{bmatrix} \sigma_{\theta\theta} & \sigma_{\theta r} & \sigma_{\theta z} \\ \sigma_{r\theta} & 0 & 0 \\ \sigma_{r\theta} & 0 & 0 \end{bmatrix}$ 可以得到主应力方程为：

$$\begin{vmatrix} \sigma_{\theta\theta} - \sigma & \sigma_{\theta r} & \sigma_{\theta z} \\ \sigma_{r\theta} & -\sigma & 0 \\ \sigma_{r\theta} & 0 & -\sigma \end{vmatrix} = 0 \tag{5.13}$$

进一步，由式(5.13)可以得到相应的主应力为：

$$\sigma_1 = \frac{J_1 + \sqrt{J_1^2 + 4J_2}}{2}$$

$$\sigma_2 = 0$$

$$\sigma_3 = -\frac{\sqrt{J_1^2 + 4J_2} - J_1}{2} \tag{5.14}$$

最大剪应力为：

$$\tau_{\max} = \frac{\sigma_1 - \sigma_3}{2} = \frac{\sqrt{J_1^2 + 4J_2}}{2} \tag{5.15}$$

其中

$$J_1 = \sigma_{\theta\theta}, \quad J_2 = \sigma_{\theta r}^2 + \sigma_{\theta z}^2 \tag{5.16}$$

同样地，由应变矩阵 $\boldsymbol{\varepsilon} = \begin{bmatrix} \varepsilon_{\theta\theta} & \varepsilon_{\theta r} & \varepsilon_{\theta z} \\ \varepsilon_{r\theta} & 0 & 0 \\ \varepsilon_{r\theta} & 0 & 0 \end{bmatrix}$ 可以得到主应变方程为：

$$\begin{vmatrix} \varepsilon_{\theta\theta} - \varepsilon & \varepsilon_{\theta r} & \varepsilon_{\theta z} \\ \varepsilon_{r\theta} & -\varepsilon & 0 \\ \varepsilon_{r\theta} & 0 & -\varepsilon \end{vmatrix} = 0 \tag{5.17}$$

进一步，从式(5.17)可以得到相应的主应变为：

$$\varepsilon_1 = \frac{I_1 + \sqrt{I_1^2 + 4I_2}}{2}$$

$$\varepsilon_2 = 0$$

$$\varepsilon_3 = -\frac{\sqrt{I_1^2 + 4I_2} - I_1}{2} \tag{5.18}$$

最大剪应变为：

$$\gamma_{13} = \varepsilon_1 - \varepsilon_3 = \sqrt{I_1^2 + 4I_2} \tag{5.19}$$

其中

$$I_1 = \varepsilon_{\theta\theta}, \quad I_2 = \varepsilon_{r\theta}^2 + \varepsilon_{\theta z}^2 \tag{5.20}$$

如果只关心焊管中的平均应力，可不考虑切环试验中径向错位引起的环中应力，在焊管外表面，即 $r = D/2$ 处，则平均最大剪应力为：

$$\tau_{\max} \approx \sqrt{\left(\frac{Eh\Delta L}{\pi D^2 + D\Delta L}\right)^2 + 4\left(\frac{2Gh\Delta z}{\pi D^2}\right)^2} \tag{5.21}$$

而局部最大剪应力不仅与切口两侧的周向张开量、轴向错位有关，而且还与径向错位有关。在焊管外表面，即 $r = D/2$ 处，局部最大剪应力的极大值为：

$$\tau_{\max}^* \approx \sqrt{\left(\frac{Eh\Delta L}{\pi D^2 + D\Delta L} + \frac{2Eh\Delta r}{\pi D^2}\right)^2 + 4\left(\frac{2Gh\Delta z}{\pi D^2}\right)^2} \tag{5.22}$$

其中，$G = \frac{E}{2(1+\nu)}$。对于金属管道，$\nu = 0.3$，则式（5.21）和式（5.22）分别变为：

$$\tau_{\max} \approx \sqrt{\left(\frac{Eh\Delta L}{\pi D^2 + D\Delta L}\right)^2 + 4\left(\frac{Eh\Delta z}{1.3\pi D^2}\right)^2} \tag{5.23}$$

$$\tau_{\max}^* \approx \sqrt{\left(\frac{Eh\Delta L}{\pi D^2 + D\Delta L} + \frac{2Eh\Delta r}{\pi D^2}\right)^2 + 4\left(\frac{Eh\Delta z}{1.3\pi D^2}\right)^2} \tag{5.24}$$

5.5　焊管残余应力预测新模型

5.4 节通过分析焊管管段经切环试验后发生的三个方向的变形所对应的原始状态应力分布，用弹性力学的叠加原理给出了管段切开后复杂变形情况的应力分布，表明周向张开和轴向错位体现了管段内的平均最大剪应力，径向错位反映了管段内应力分布的不均匀性。局部最大剪应力的极大值与切口两侧的周向张开量、轴向错位及径向错位均有关系，可较为全面地反映切环试验后所呈现出的各种复杂变形的综合作用，因此，可用局部最大剪应力的极大值来建立焊管切环试验中残余应力的预测公式，即：

$$\tau_{残} \approx \sqrt{\left(\frac{Eh\Delta L}{\pi D^2 + D\Delta L} + \frac{2Eh\Delta r}{\pi D^2}\right)^2 + 4\left(\frac{Eh\Delta z}{1.3\pi D^2}\right)^2} \quad (5.25)$$

将测得的管段切开后的周向张开量 ΔL、轴向错开量 Δz、径向错开量 Δr 以及相关参量代入式(5.25)即可推算出焊管中的残余应力。

表 5.9 列出了部分管段的切环试验结果，同时列出了按照式(5.25)推算得到的残余应力值。

表 5.9 不同钢级规格焊管切环试验结果及残余应力值

编号	钢级	规格（外径×壁厚）mm×mm	成型方式	管段长度 mm	周向张开量 mm	轴向错开量 mm	径向错开量 mm	残余应力 MPa
1	X60	660×7.1	SAWH	200	440	10	0	396.0
2	X60	660×8.7	SAWH	200	125	15	0	158.2
3	X70	1016×14.7	SAWH	150	78	57	19	116.5
4	X80	1219×18.4	SAWH	200	20	90	8	64.6
5	X80	1219×18.4	SAWH	200	74	78	96	224.7
6	X80	1219×18.4	UOE	300	42	0	0	34.4
7	X80	1219×18.4	JCOE	300	52	0	0	42.5
8	X80	1219×22.0	SAWH	200	80	81	39	166.7
9	X80	1219×22.0	JCOE	200	77	0	0	74.7
10	X80	1219×22.0	UOE	200	32	0	0	31.4

5.6 切环试验残余应力控制指标

5.6.1 切环试验残余应力控制准则

从上述应力分析可得知，局部最大剪应力的极大值近似地反映了切环试验所能呈现出的各种变形状态的综合作用。

对于一般管线，通常以局部最大剪应力的极大值不超过焊管材料屈服强度 σ_s 的 1/3 为准则，即：

$$\sigma_{残} = \sqrt{\left(\frac{Eh\Delta L}{\pi D^2 + D\Delta L} + \frac{2Eh\Delta r}{\pi D^2}\right)^2 + 4\left(\frac{Eh\Delta z}{1.3\pi D^2}\right)^2} \leq \frac{\sigma_s}{3} \quad (5.26)$$

对于重要管线，一般以局部最大剪应力的极大值不超过焊管材料屈服强度

σ_s 的 1/6 为准则，即：

$$\sigma_{\text{残}} = \sqrt{\left(\frac{Eh\Delta L}{\pi D^2 + D\Delta L} + \frac{2Eh\Delta r}{\pi D^2}\right)^2 + 4\left(\frac{Eh\Delta z}{1.3\pi D^2}\right)^2} \leqslant \frac{\sigma_s}{6} \qquad (5.27)$$

5.6.2 切环试验残余应力控制指标

我国已建成的钢级为 X60、管径为 ϕ711mm 和 ϕ660mm 的输气管线，其相应的技术条件对残余应力有以下具体要求：

（1）规格为 ϕ660mm×9.5mm 和 ϕ660mm×7.1mm，管线工作压力为 6MPa，钢级为 X60。该管线用焊管在用切环试验法进行残余应力测试时，要求切取 300mm 长管段，管段沿轴向切开后切口张开间距应不大于 100mm。

（2）规格为 ϕ711mm×9.5mm 和 ϕ711mm×7.9mm，管线工作压力为 6MPa，钢级为 X60。该管线用焊管在用切环试验法进行残余应力测试时，要求切取 300mm 长管段，管段沿轴向切开后切口张开间距应不大于 100mm。

按照上述要求，以上管线用焊管管段局部最大剪切应力的极大值均小于屈服强度 σ_s 的 1/3。相应技术条件均未对焊管管段切环试验的轴向错开量和径向错开量作出规定。

但对于重要管线，对其焊管局部最大剪应力的极大值一般应作出更严格的要求，如规定其焊管管段切环试验局部最大剪应力的极大值不大于屈服强度 σ_s 的 1/6，即如式（5.27）所示。

我国已建成的钢级为 X70、管径为 ϕ1016mm 的西气东输管线和钢级为 X80、管径为 ϕ1219mm 的西气东输二线对残余应力有以下具体规定：

（1）西气东输管线，规格为 ϕ1016mm×14.6mm 和 ϕ1016mm×17.5mm，管线工作压力 10MPa，钢级为 X70。该管线用焊管在用切环试验法进行残余应力测试时，要求切取长度不小于 100mm 管段，一般应在距焊缝 100mm 处沿管段轴向切开，切口张开间距应不大于 80mm。

（2）西气东输二线，规格为 ϕ1219mm×17.5mm，管线工作压力 12MPa，钢级为 X80。该管线用焊管在用切环试验法进行残余应力测试时，要求切取长度不小于 100mm 管段，一般应在距焊缝 100mm 处沿管段轴向切开，切口张开间距应不大于 90mm。

这两条管线用焊管管段局部最大剪应力的极大值均小于屈服强度 σ_s 的 1/6。这两条管线的技术条件虽未对焊管管段切环试验的轴向错开量和径向错开量作出规定，但要求应测量轴向及径向错开量，供参考。

5.6.3 切环试验的管段长度选取

切环试验中管段长度的选取应视应力分布的不均匀程度而定。若应力分布均匀，则管段长度对测试结果应无影响。一般地，可以分别选取长度为100mm，200mm和300mm管段，按照切环试验的要求进行测试，然后可选取变形较大的管段长度作为进行切环试验的管段长度。

5.7 小结

（1）SAWH焊管切环试验后的变形情况较为复杂，一般会发生周向、轴向和径向三个方向的相对位移；变形形式分为张开型、内插型及微量变形型，变形程度差异较大。

（2）直缝焊管切环试验后的变形形式均为张开型，且均无轴向及径向错开，JCOE焊管的周向张开量一般较UOE焊管大。

（3）根据弹性力学叠加原理，提出了适用于螺旋焊管复杂变形情况的油气输送焊管残余应力预测模型及切环试验控制指标。

参 考 文 献

[1] 颜峰，吉玲康，冯耀荣，等.油气输送焊管残余应力测试方法的研究[J].石油机械，1999，27(4)：18-20.

[2] Xiong Qingren, Feng Yaorong, Huo Chunyong. The Measurement and Control of Residual Stress in Spiral-submerged arc Welded Pipe[C]. 4th Pipeline Conference, Canada, 2002.

[3] Toshio Kurahashi, Noel N Yumang. Production Technology and Evolution of Line Pipe with Helical Seam for Sour Service[C]. Seventh Middle East Corrosion Conference, 26th-28th February 1996, Bahrain.

[4] 李英，何显光，石成江.螺旋钢管成型方式与内应力关系的研究[J].焊管，1996，26(5)：15-17.

[5] 颜峰，吉玲康，冯耀荣.油气输送焊管残余应力的估测[J].石油机械，1999，27(9)：27-28.

[6] Timoshenko S P. Strength of Materials[M]. Part II Advanced, 3rd Edition, Van Nostrand Reinhold Company, New York, 1956：76-78.

[7] Timoshenko S P, Goodier J N. Theory of Elasticity[M]. 3rd Edition, McGraw-Hill Book Company, New York, 1970.

第6章 焊管残余应力的调控

获得低应力焊管一直是焊管制造业的目标。焊管残余应力受生产制造过程中众多因素综合影响，如成型方式、成型设备、成型工艺、焊接工艺、扩径、水压试验、涂覆等，且不同因素可能相互作用，使得焊管残余应力的调控较为困难、也较为复杂。

6.1 焊管残余应力影响因素及调控措施

6.1.1 成型方式的影响及选择

成型方式及成型参数是影响油气输送焊管残余应力分布状态的决定性因素。如前所述，直缝埋弧焊管与螺旋缝埋弧焊管的成型方式不同，其残余应力的状态及水平有很大差别。即使同样是螺旋缝埋弧焊管，由于各自的成型参数不同也会产生截然不同的残余应力分布。

直缝埋弧焊管的成型过程是分步骤实现的，如UOE焊管会顺序经历U成型和O成型。每一次成型结束后，板料经过充分回弹，其内部的残余应力水平较低。如果成型参数不当，很容易通过回弹后的几何形状反映出来，在生产线上就会被发现，从而及时对成型参数进行调整优化，得到合适的管坯后再进行焊接。图6.1(a)所示为UOE焊管成型后管坯的开口间隙过大，易导致焊接夹具夹持力增大、焊接残余应力水平升高、焊缝成型缺陷、焊管几何尺寸不合格等问题。图6.1(b)所示为成型后管坯的开口间隙闭合，易导致焊缝夹渣。当发现管坯的间隙尺寸不满足焊接工艺要求时，可调整U成型和O成型的工艺参数，如U成型半径、模具间隙和成型滚轮的距离等。对于直缝埋弧焊管，由于成型过程是分步骤进行的，因此，在焊接前获得一个理想的管坯是较易实现的，这样可使其焊接过程在拘束较小的情况下进行，故其残余应力水平较低。

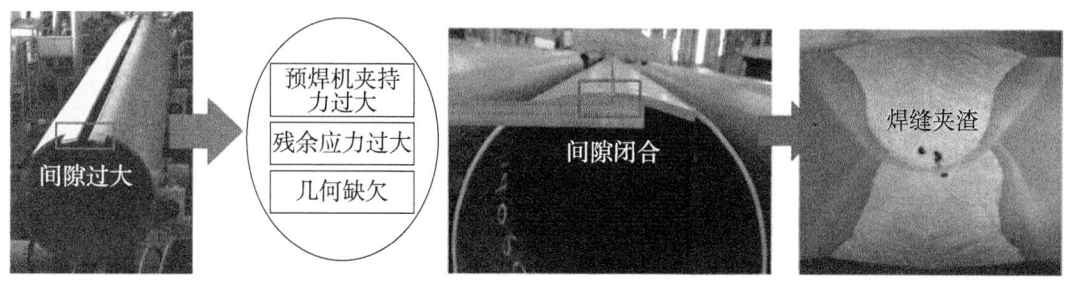

(a)间隙过大　　　　　　　　(b)间隙闭合

图 6.1　UOE 焊管成型问题[1]

螺旋缝埋弧焊管的成型过程如图 2.20 所示。一方面，板料的递送方向与焊管的轴线呈一夹角，因此，板料弹复时必然表现出较大的轴向变形；另一方面，一步法生产中，SAWH 焊管的成型及焊接是在动态中完成的，在三辊成型的范围内完成了成型和焊接，因此，板料的弹复不充分。螺旋焊管的调型方式一般有 4 种形式，在生产线上适量成型是很难做到的，目前生产中常用的方法是微量过量成型，使焊管坯向内产生一定量的弹复。在这种情况下，管坯内存在一个使管坯向内弹复的应力，焊接后该应力无法再释放，成为保留在焊管内部的成型应力。

6.1.2　成型参数的影响及调整

对于 UOE 焊管，最主要的成型工艺参数是弯曲过程中的曲率半径。图 6.2 为 UOE 焊管成型时 U 成型半径对管坯开口尺寸的影响[1]。可见，U 成型半径对间隙的影响非常显著，随着半径的增大，管坯间隙增大，易造成高值残余应力。

对于 SAWH 焊管，影响 SAWH 焊管残余应力的最重要的成型参数为 2#辊的压下量[2-4]，由此决定了预弯弧的半径 R_{2z}（图 2.20）。

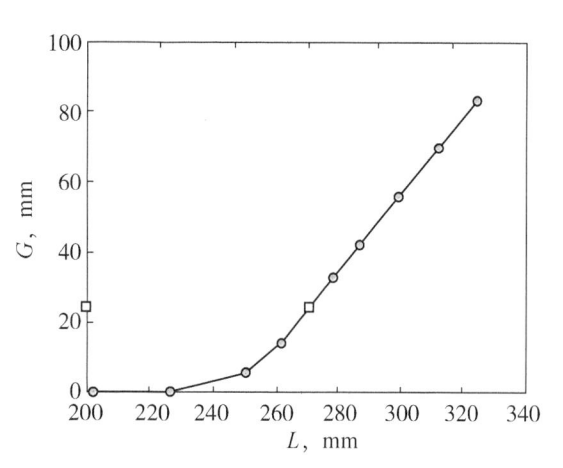

图 6.2　UOE 焊管成型参数对管坯开口间隙的影响[1]

当 2#辊压下量合适时，焊管内周向残余应力较低；当压下量过大时，尽管切环试验后管段的变形形式为内插型，但其外表面周向残余应力仍可能为拉应力，且内表面拉应力值较高；当压下量过小时，切环试验后管段的变形形式为张开型，外表面为残余拉应力，内表面为残余压应力。

2#辊的压下量调整通过联合调整1#和3#辊实现，可采用公切、正压预弯法调整。预弯弧、弹复弧与定径弧在3#辊处公切，2#内压辊的力作用线与预弯弧的垂直中心线相重合，即2#辊的作用力垂直正压。内压辊受正压力，轧辊的承载能力能够充分发挥；易实现内压辊外表面与预弯弧内表面的线接触，可避免由于点接触产生的压力集中而将管坯压出波浪弯压痕，但内压辊中心与定径套中心之间需具备横向相对移位功能。

图6.3为调型过程中的参数调整方法，其中R_{1z}，R_{2z}，R_{3z}和R_z均为板料中性层在成型过程中的各段圆弧半径。H点的坐标为[4]：

$$x_H = 0, \quad y_H = -t/2 \tag{6.1}$$

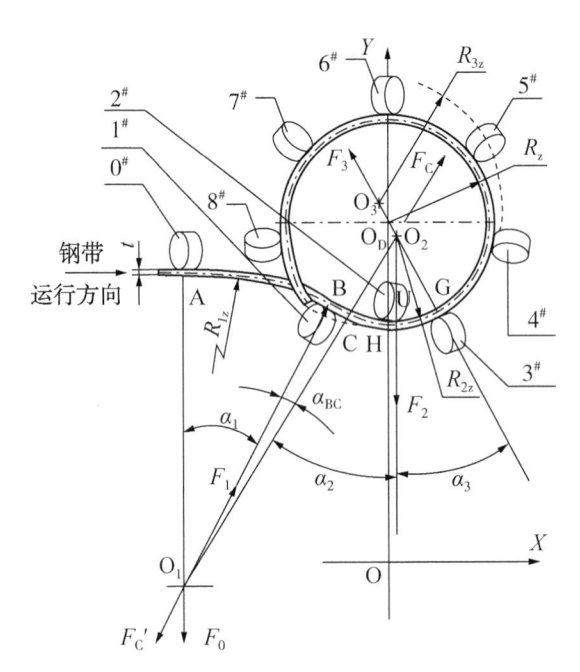

图6.3 SAWH焊管成型参数设计[4]

定径弧参数O_D和G点的坐标分别为：

$$x_D = 0, \quad y_D = R_w + y_H \tag{6.2}$$

$$x_G = R_w \sin\alpha, \quad y_G = y_D - R_w \cos\alpha_3 \tag{6.3}$$

根据弹复理论设定预弯弧参数：

$$R_{3z} = R_z + t/2\pi \tag{6.4}$$

$$r_3 = R_{3z}/t \tag{6.5}$$

$$r_2 = \frac{r_3}{1 + \dfrac{2(k_1 + k_0/2r_3)r_3\sigma_s}{E}} \quad (6.6)$$

$$M_2 = \left(k_1 + \frac{k_0}{2r_2}\right)w\sigma_s \quad (6.7)$$

$$R_{2z} = r_2 t \quad (6.8)$$

$$R_{2w} = R_{2z} + t/2 \quad (6.9)$$

式中 t——周向张开量，mm；

R_{3z}——自由弹复后中性层半径，mm；

r_2——预弯阶段中性层相对弯曲半径，mm；

r_3——自由弹复后中性层相对弯曲半径，mm；

M_2——弯曲力矩，N·mm；

E——弹性模量，$E = 2.1 \times 10^5$ MPa；

k_0——相对强化模数，其值为 $2.1/t$；

k_1——形状系数，其值为 1.5。

O_2 点坐标为：

$$x_2 = x_G - R_{2w}\sin\alpha_3 \quad (6.10)$$

$$y_2 = R_{2w}\cos\alpha_3 + y_G \quad (6.11)$$

U 点坐标为：

$$x_U = x_2, \quad y_U = y_2 - R_{2n} \quad (6.12)$$

C 点坐标为：

$$x_C = x_2 - R_{2w}\sin\alpha_C, \quad y_C = y_2 - R_{2w}\cos\alpha_C \quad (6.13)$$

O_1 点坐标为：

$$x_1 = -(R_{1z} + R_{2z})\sin\alpha_C, \quad y_1 = y_2 - (R_{1z} + R_{2z})\cos\alpha_C \quad (6.14)$$

弯矩为：

$$M_1 = [K_1 + 2(r_1\sigma_s/E)^2]W\sigma_s \quad (6.15)$$

截面剪力为：

$$F_C, \quad F_{C'} = \frac{M_2}{R_{2z}\sin\alpha_C} \quad (6.16)$$

BC 辊夹角为：

$$\alpha_{BC} = \arcsin\left(\frac{M_1}{R_{1z}F_{C'}}\right) \quad (6.17)$$

AB 辊夹角为：

$$\alpha_1 = \alpha_C - \alpha_{BC} \qquad (6.18)$$

B 点坐标为：

$$x_B = (R_{1z} - t/2)\sin\alpha_1 + x_1, \quad y_B = (R_{1z} - t/2)\cos\alpha_1 + y_1 \qquad (6.19)$$

A 点坐标为：

$$x_A = x_1, \quad y_A = y_1 + R_{1z} - t/2 \qquad (6.20)$$

3# 辊的作用力为：

$$F_3 = \frac{M_2}{R_{2z}\sin\alpha_3} \qquad (6.21)$$

2# 辊的作用力为：

$$F_2 = \frac{\left(\dfrac{1}{\tan\alpha_C} + \dfrac{1}{\tan\alpha_3}\right)M_2}{R_{2z}} \qquad (6.22)$$

1# 辊的作用力为：

$$F_1 = \frac{F_{C'}\sin\alpha_C}{\sin\alpha_1} \qquad (6.23)$$

0# 辊的作用力为：

$$F_0 = \frac{F_{C'}\sin\alpha_{BC}}{\sin\alpha_1} \qquad (6.24)$$

6.1.3 SAWH 焊管成型工艺措施的影响及调整

（1）阻力辊。

螺旋焊管的弹复量是一个与管材壁厚、屈服强度和延伸率等相关的量，焊管的壁厚、屈服强度和延伸率偏差范围的大小是决定焊管弹复量大小和波动的主要因素。理论计算和生产实践均已证明，微量过量成型使螺旋焊管管坯产生一定量的内弹复是较好的做法。若要将成型器内处于内弹复（小管径）状态的管坯向外扩张至要求值，必须借助外力，才能得到使管坯扩张所需的力矩。在钢管输出的螺旋线方向适当增加输出阻力，在递送力的作用下，阻力能够使成型器内的管坯（进行焊接前）有向外扩张的趋势,当阻力足够大时,就能够将较小的管坯持续扩张至与外定径辊接触,并在外定径辊的作用下将管坯直径定位,从而达到稳定成型的目的。

阻力辊的设置如图 6.4 所示,周向阻力辊和轴向阻力辊均对称设置,以使受力平衡。周向阻力辊轴线方向与管坯轴线方向垂直,这种位置能沿管坯圆周方向产生最大的摩擦阻力;轴向阻力辊轴线方向与管坯轴线方向平行,这种位置能沿管坯轴线方向产生最大的摩擦阻力。阻力辊应采用对管坯具有较高摩擦系数的耐磨材料制成,且不应对管坯产生压伤和划痕。

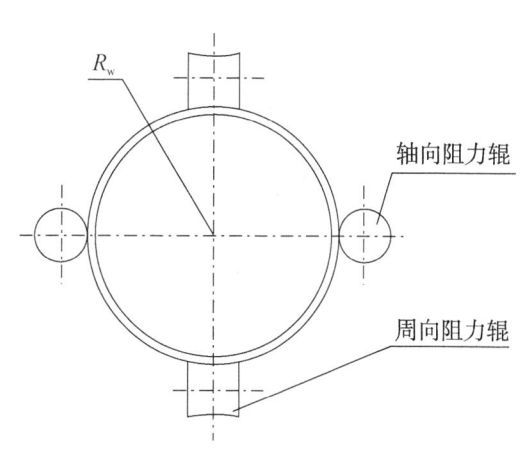

图 6.4 SAWH 成型过程中阻力辊的设置[2]

(2) 1#辊和 3#辊的布局与稳定性。

1#辊和 3#辊的布局与稳定性非常重要。布局不合理会使钢带边部悬空,两边变形不协调,这是造成切环试验径向错位的重要原因。成型中出现钢带边部悬空,一方面是由于成型角误差会造成钢带成型自由边悬空;另一方面是由于焊接和成型同时进行,为了保证焊接质量,出现成型递送边悬空。这两种悬空均会导致钢带边缘变形不充分,造成残余应力分布和大小发生变化。对钢带边部悬空问题可根据成型实际情况对 1#辊和 3#辊进行微量调整,以弥补钢带边缘变形不足的问题。由于规格不同、成型角不同,1#辊和 3#辊往往要前后移动。由大角度变小角度时,1#辊需要向后移,3#辊向前移;由小角度变大角度时,1#辊向前移,3#辊向后移。

(3) 焊垫辊。

在螺旋缝埋弧焊管的成型和焊接过程中,为了保证焊接的顺利进行,在 2#辊梁端部留 80~100mm 的距离空间,用以安装焊接机构。这样就造成了递送边边缘 80~100mm 范围的悬空,不能得到充分变形。为了解决递送边变形不足的问题并保证焊接处成型合缝的稳定性,在实践中增加了焊垫辊。其作用一是辅助成型,弥补递送边变形不足的问题,二是对焊管管径和残余应力进行调整。在一定范围内,其高度增加,残余应力减少。

焊垫辊在低应力成型法中起着重要的作用,该辊的升高可以产生管径增大的补偿作用。但如果焊垫辊上表面高度超过钢管底部标高,容易出现焊垫辊与

2#辊的干涉现象，造成递送边变形不良。因此，2#辊的压下量与焊垫辊的升高量应协调，一般不宜超过基准高度5mm。否则，焊垫辊升得过高将会引起管体塌腰和鼓包等缺陷。焊垫辊布置在偏离钢管中心的位置，焊垫辊后置，偏向3#辊方向，适合小角度成型；如果偏心过大，会使咬合线过长，不利于控制错边。焊垫辊前置，偏向1#辊方向，适合大角度成型；如果偏心过大，会使咬合区变小。如果焊点位置调整不好，易出现焊接裂纹缺陷。因此，必须合理控制焊垫辊的偏心量[5]。

（4）辊面形状。

由于低应力成型法采用三辊弯板过量变形，会造成变形辊的受力相对较大，如果辊面形状选择不好，容易造成管体上出现波浪弯压痕。根据各辊与管坯的接触点位置的不同，1#辊宜选锥弧面，2#辊宜选仿形面，3#~8#辊宜选平面圆角，焊垫辊宜选小平面。

（5）后桥调整。

采用低应力成型法成型稳定性好，容量大，不依赖于微调后桥的方法控制成型。但是当钢带接头过成型器时，若月牙弯较大或强度变化较大，就需要微调后桥进行少量调整。如果出现必须过多进行微调后桥来控制成型的情况，说明前期成型效果不好，应重新调型。

（6）递送线的稳定。

钢带递送线是螺旋焊管生产的"生命线"，生产中必须严格控制钢带的递送线。递送线发生了变化意味着实际成型角发生了变化，必然会对钢管成型造成影响，尤其是采用低应力成型法时成型阻力相对要大一些，递送线变化的影响更大。因此，要求钢带两侧的立辊和递送导板应具有足够的强度和刚度，以确保递送线位置不发生大的变化，实现稳定生产[5]。通常情况下，钢带偏离递送线距离不能超过2mm，否则必须及时调整找正。

6.1.4 焊接工艺的影响及调整

根据焊接残余应力产生的原理可知，在焊接接头位置热应力（周向应力及轴向应力）是以高值拉应力形式存在的，当高温区发生低温相变时有可能改变这种趋势。表6.1是三种管型焊管在焊缝处的残余应力。可见，UOE焊管、JCOE焊管焊缝处的峰值周向应力较低，而SAWH焊管焊缝处的周向应力较高。其主要原因在于SAWH焊管是在高拘束条件下完成焊接的，而直缝焊管管坯间隙小，焊接时拘束小，故其焊缝区残余应力水平较低。因此，焊接残余应力虽然是由热过程及相变过程产生的,但是仍然与管坯的成型质量有很大关系。

表 6.1 焊缝处的残余应力

管型	峰值周向应力,MPa	峰值周向拉应力位置
UOE	104	焊缝内表面
JCOE	183	HAZ 外表面
SAWH	305	HAZ 内表面
SAWH	407	焊缝内表面
SAWH	430	焊缝内表面

无限大平板上作用的均匀移动线热源产生的准稳态弹性热应力场为:

$$\sigma_x = -\frac{\alpha E q}{4\pi\lambda h}\left\{e^{-vx/2a}\left[K_0\left(\frac{vr}{2a}\right) - \frac{x}{r}K_1\left(\frac{vr}{2a}\right)\right] + \frac{2ax}{vr^2}\right\} \quad (6.25)$$

$$\sigma_y = -\frac{\alpha E q}{4\pi\lambda h}\left\{e^{-vx/2a}\left[K_0\left(\frac{vr}{2a}\right) + \frac{x}{r}K_1\left(\frac{vr}{2a}\right)\right] - \frac{2ax}{vr^2}\right\} \quad (6.26)$$

$$\tau_{xy} = \frac{\alpha E q}{4\pi\lambda h}\left[e^{-vx/2a}\frac{y}{r}K_1\left(\frac{vr}{2a}\right) - \frac{2ay}{vr^2}\right] \quad (6.27)$$

其中

$$a = c\rho/\lambda$$

$$r = \sqrt{x^2 + y^2}$$

式中 K_0,K_1——第二类零阶、一阶修正贝瑟尔函数;
α——材料的线胀系数,℃$^{-1}$;
a——材料参数;
c——材料的比热容;
ρ——材料的密度;
λ——材料的导热系数,W/(m·℃);
E——材料的弹性模量,MPa;
q——焊接热输入,J/m;
h——板厚,m;
v——热源移动速度。

由式(6.25)至式(6.27)可知，在材料及板厚已定的情况下，降低热输入可降低焊接应力。但是在不改变焊接方法的情况下，较小的热输入产生的熔深较小，因此，必须增加焊接层数才能填满坡口。若允许采用高能束焊(如激光焊)，则因其能量密度高，在保证熔透的前提下可以获得较小的热影响区及较低的残余应力。但采用激光焊焊接厚壁输送管，焊接效率及成本优势不明显。

焊接残余应力产生的根本原因是不均匀焊接温度场产生的不均匀塑性变形，因此，降低温差、减小塑性变形的不均匀性，是一个简单而有效的方法。预热是降低温差的有效手段，对于输送管可采用高频感应方法进行预热。单纯从消除焊接残余应力角度来说，焊后热处理也是一个有效的手段，但会增加生产成本。

6.1.5 扩径对残余应力的影响

直缝埋弧焊管如 UOE 焊管、JCOE 焊管和 RBE 焊管，在成型、焊接后，要进行整体冷扩径。SAWL 焊管的扩径是一个机械膨胀的过程，如图 6.5 所示。扩径率是决定管形变化的主要工艺参数，也是扩径工艺中最主要的工艺参数。扩径率一般要达到 1.0% 才有明显的矫圆作用[6]。根据泊松比和最小阻力原理，扩径率为 1.0% 时，壁厚减薄 0.2%~0.5%，管长缩短 0.5%~0.8%[7]。

国内外对螺旋焊管采用整体冷扩径工艺的很少。唯有加拿大 WELLAND 公司在螺旋焊管生产过程中采用整体扩径，扩径率约为 1.5%。为了防止扩径头与螺旋焊缝发生干涉，在扩径头的扇形块上预留 45°螺旋槽，扩径时钢管的螺旋焊缝

图 6.5 SAWL 焊管的扩径

与扩径头上的螺旋槽对应。整体扩径提高了钢管的尺寸精度，提高了钢管屈服强度，降低了残余应力水平，如图 6.6 所示[8]。扩径后材料的抗拉强度基本无变化，屈服强度会有不同程度的增加。一般来说，铁素体+珠光体管线钢屈服强度改变不大，甚至会降低，而针状铁素体管线钢屈服强度会有较明显的增加。因此，在实际操作中需要合理控制扩径率。目前，国内对重要管线用螺旋焊管一般进行管端扩径，以提高管端尺寸精度。

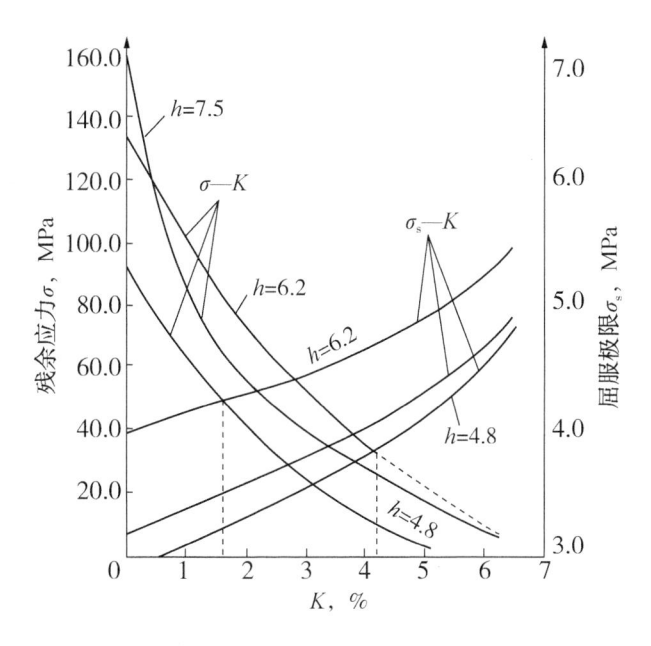

图 6.6 扩径率 K 对残余应力及屈服强度的影响[8]

6.1.6 水压试验的影响及压力的选择

按照 GB/T 9711《石油天然气工业管线输送系统用钢管》、API Spec 5L《管线管规范》以及相关管线技术条件的要求,在出厂前每根钢管均应进行水压试验。试验压力所产生的环向应力应按照 GB/T 9711 或 API Spec 5L 根据钢级和外径选择或按照相应管线技术条件执行,目前最高为 95%规定最小屈服强度(Specified Minimum Yield Strength,SMYS)。

表 6.2 为水压试验前后切环试验结果对比,可以发现水压试验前焊管切环试验后管段的周向张开量均为负值,即为内插型,同时轴向错开量及径向错开量较大;水压试验后同一焊管切环试验后管段的周向张开量基本上为正值,即变为张开型,同时轴向错开量及径向错开量基本上减小。

表 6.2 某公司焊管水压前后管段切环试验结果对比

序号	状态	周向张开量,mm	轴向错开量,mm	径向错开量,mm
1	水压前	−110	70	15
1	水压后	20	65	15
2	水压前	−122	67	18
2	水压后	21	77	18

续表

序号	状态	周向张开量,mm	轴向错开量,mm	径向错开量,mm
3	水压前	-140	62	0
	水压后	-30	45	0
4	水压前	-126	66	20
	水压后	20	50	10
5	水压前	-50	92	60
	水压后	35	76	55
6	水压前	-105	70	20
	水压后	78	63	22
7	水压前	-150	60	37
	水压后	35	60	13
8	水压前	-100	100	60
	水压后	20	95	20
9	水压前	-80	56	27
	水压后	80	20	0
10	水压前	-90	66	41
	水压后	10	40	35

有关文献[9-11]对水压试验对焊管残余应力的影响进行了研究，认为水压试验可以降低残余应力水平，引起焊管内残余应力的重新分布。水压试验降低残余应力的作用，其原理与消除残余应力的方法中的机械拉伸法的原理相同，可以起到拉伸的作用，在理想情况下能够完全消除残余应力。

水压及稳压试验对焊管残余应力的影响如图6.7[9]所示。焊管管体内表面未进行水压试验时为残余拉应力状态，水压试验(环向应力为95% SMYS，保压15s)、稳压(环向应力为96% SMYS，稳压4h)后向残余压应力状态变化；外表面原为残余压应力状态，水压试验后残余压应力幅值减小，稳压后成为拉应力状态；就残余应力幅值的变化而言，焊缝和热影响区内表面残余拉应力下降的幅度最为显著。

对钢级为X60、规格ϕ660mm×7.1mm的未水压、水压和超压的三根钢管进行残余应力测试，切块法的试验结果如图6.8所示[10]，切环法试验结果见表6.3[10]。

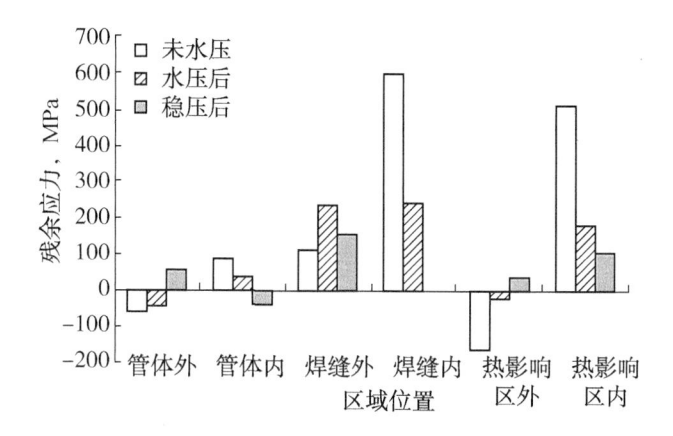

图 6.7 水压试验对不同位置残余应力的影响[9]

(a) 外表面最大残余应力

(b) 外表面周向残余应力

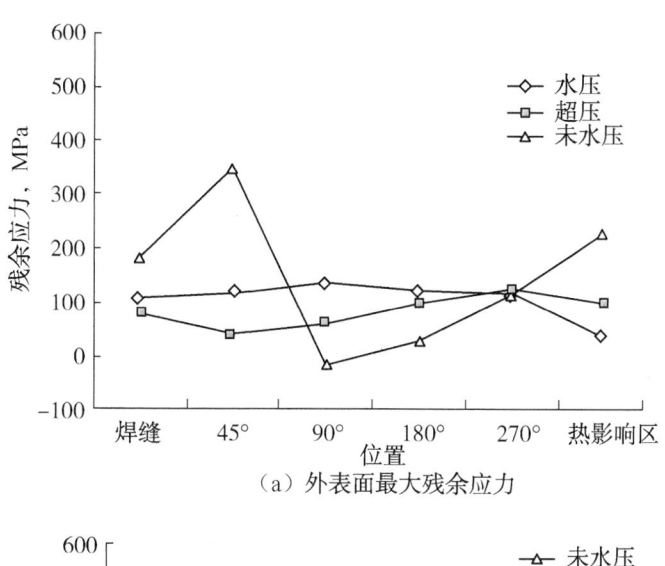

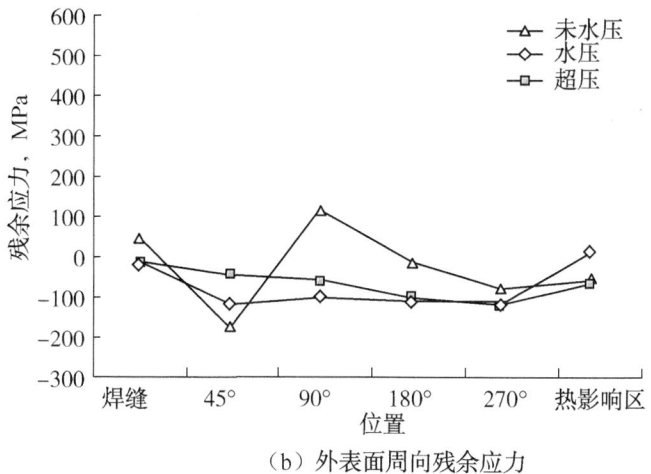

图 6.8 不同状态钢管内外表面最大残余应力和周向残余应力对比[10]

（c）内表面最大残余应力

（d）内表面周向残余应力

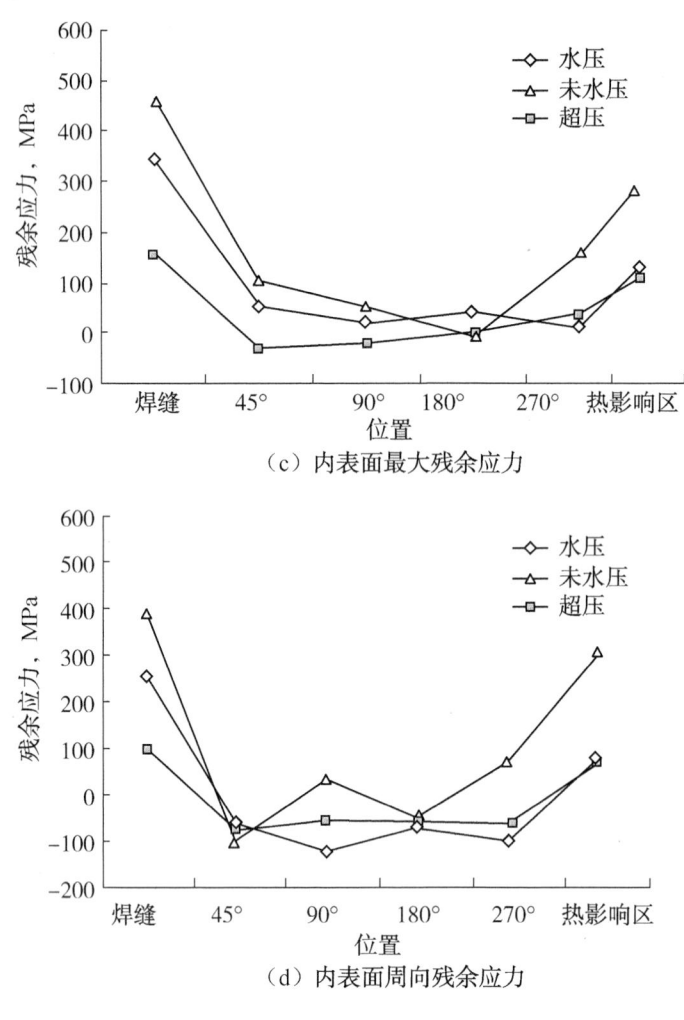

图 6.8 不同状态钢管内外表面最大残余应力和周向残余应力对比[10]（续）

表 6.3 未水压、水压和超压的 X60SAWH 焊管的切环试验测试结果[10]

钢级	规格 （外径×壁厚） mm×mm	状态	生产厂	切口位置	周向张开量 mm	轴向错开量 mm	径向错开量 mm
X60	660×7.1	未水压	C	沿焊缝	15	20	37
				焊缝	55	30	38
				90°	35	15	20
				180°	75	0	20

续表

钢级	规格 (外径×壁厚) mm×mm	状态	生产厂	切口位置	周向张开量 mm	轴向错开量 mm	径向错开量 mm
X60	660×7.1	水压 8.5MPa	C	沿焊缝	30	50	25
				焊缝	103	30	0
				90°	105	15	0
				180°	105	0	7
X60	660×7.1	超压 10MPa	C	沿焊缝	30	40	7
				焊缝	80	20	0
				90°	85	10	0
				180°	90	0	0

从图 6.8 可以看出，压力值为 8.5MPa 的水压试验（其环向应力为 95%SMYS）可使钢管内外表面残余应力的峰值有所下降，波动范围减小，平均应力降低，整管的残余应力分布较水压试验前均匀。表 6.3 的结果表明，经过正常的水压试验后，切口张开量增大，但轴向和径向错开量减小，如在距焊缝 180°处切开，周向张开量从水压试验前的 75mm 增加到水压试验后的 105mm，径向相对位移由 20mm 减少到 7mm。这说明正常的水压试验有一定的降低残余应力的作用，更重要的是它使钢管内部的残余应力重新分布，由多向应力状态逐渐向单向应力状态演变。

进一步提高水压试验压力到 10MPa，即水压试验的环向应力达到规定最小屈服强度的 1.13 倍，从图 6.8 可以看出，钢管内外表面残余应力大幅下降，分布更为均匀，波动幅度进一步减小，残余拉应力和残余压应力均向零靠近。这一点在表 6.3 的切环试验结果中亦得到验证，如在距焊缝 180°处切开，切口张开量从水压试验后的 105mm 降为 90mm，径向相对位移由 7mm 降为 0。这说明提高水压试验的压力能够显著降低残余应力。

随着水压试验压力的提高，残余应力有不同程度的降低，但水压试验压力提高的同时会导致焊管尺寸发生变化，见表 6.4。可见，水压试验以及压力提高后的超压试验，均引起了管径的变化。正常的水压试验后焊管周长增加约 2mm，塑性变形量约为 0.1%；压力达到 10MPa 的水压试验使焊管周长增加了 8~9mm（超过了技术条件对钢管外径的要求），引起的塑性变形量达 0.4%。水压试验环向应力达到 1.13SMYS 时焊管直径超过了标准要求值,压力过大还可能导致钢管的破坏。

表 6.4 不同状态下钢管周长的变化[10]

状态	钢管周长,mm				
	1	2	3	4	5
未水压	2074	2074	2074	2074.5	2074
已水压	2076	2075.5	2076	2076	2076
超压	2082	2083	2083	2082.5	2082

注:试验钢管的钢级为 X60、外径为 660mm、壁厚为 7.1mm。

以上试验结果表明,当水压试验压力较低时,如采用 95%SMYS 作为试验压力的环向应力,残余应力的降低不十分明显,它主要引起了焊管内部残余应力的重新分布,这种重新分布使钢管在切环试验时的周向张开量增大,轴向、径向错开量相对减小;当水压试验压力较高时,如采用 1.13SMYS 作为试验压力的环向应力,钢管的整体残余应力水平显著降低,分布更加均匀,切环试验时的周向张开量较正常水压试验后的张开量减小,轴向、径向错开量亦减小,与此同时钢管周长显著增大,引起管径超差,有时甚至会导致管壁的局部破坏。因此,水压试验的压力不能太高,也不能太低,压力值的选择是一个值得研究的问题。文献[11]曾提出从消除焊管残余应力着眼,螺旋缝埋弧焊管试验压力的环向应力限制于 90%SMYS 是不够的,而必须达到 1.0SMYS 的水平。因此,在螺旋焊管生产中可尝试提高水压试验压力,甚至可以采用环向应力接近焊管屈服强度的水压试验,以便更加有效地消除或降低有害的残余应力,以改善生产中无整体扩径工序造成的残余应力较高的问题。

6.1.7 涂敷保温处理对残余应力的影响

油气输送管道用焊管通常需要采用外防腐技术对其外表面进行涂层防腐处理,常用的防腐方式有三层聚乙烯(3PE)和熔结环氧粉末(FBE)防腐。大部分天然气长输管线还采用液态环氧减阻内涂层,以降低输送阻力。3PE 的结构由底层、中间层和面层组成。底层为环氧涂层,厚度为 50~60μm;中间层为胶黏剂,厚度为 170~250μm;面层为挤压聚乙烯,约为 2.5mm;防护层总厚度大约 2.9mm。

在防腐层的涂敷过程中,首先对钢管内外表面进行抛丸处理,然后进行涂敷。防腐处理的一般工序为：焊管→检测→中频加热管端200mm范围并扩口→内外壁喷丸→检测→中频加热（180~230℃）→流动床旋转法涂敷外涂层（2~3mm）→内喷涂自固化环氧粉末（250~350μm）→精加工→旋转冷却→检测→包装→成品[12]。

喷丸过程是成千上万个弹丸反复撞击靶材表面，引起材料表层发生塑性变形的过程。影响喷丸效果的因素包括弹丸的直径、速度、覆盖率及材料性能等。图6.9[13]为超声喷丸在铝合金表面的作用。可以看出，喷丸处理可在工件表面形成压应力层；随着喷丸频率的提高，压应力水平提高。

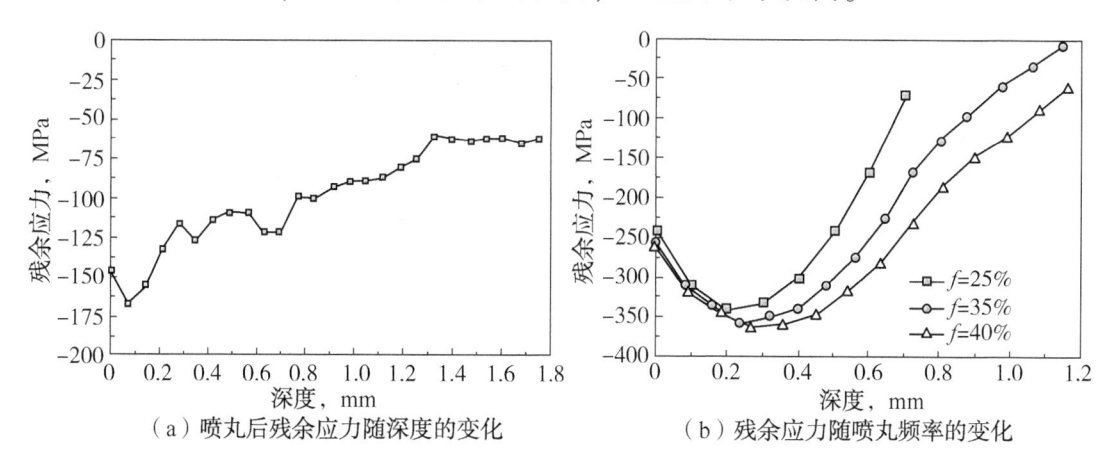

(a) 喷丸后残余应力随深度的变化

(b) 残余应力随喷丸频率的变化

图6.9 喷丸对残余应力的影响[13]

加热会使材料发生蠕变和应力松弛。图6.10[14]为9Cr2Mo冷轧辊在150℃回火条件下保温时间与残余应力（σ_z为轴向应力，σ_τ为切向应力）的关系，可见，随着保温时间的延长，应力水平降低。高温下材料的蠕变速度快、弹性模量降低幅度大，因此，高温下蠕变及应力松弛效果好。钢管在涂覆过程中的加热温度为180~230℃，保温时间较短，为3~5min。在这种情况下，蠕变及应力松弛不充分，但对消除残余应力能够起到一定作用。

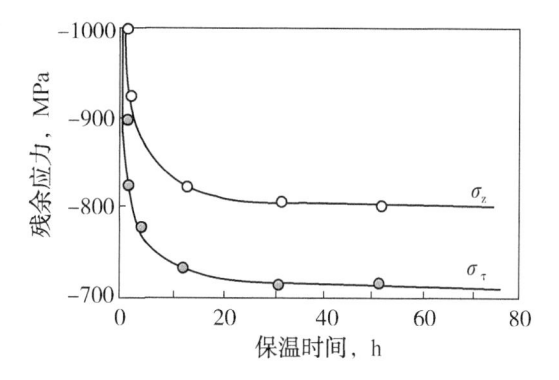

图6.10 低温回火保温时间对残余应力的影响[14]

第4章图4.14和表4.1及第5章图5.9和表5.8中H-1和H-2焊管的盲孔法及切环试验的测试结果亦说明涂敷保温处理对降低残余应力有一定的作用。

6.1.8 其他影响焊管残余应力的因素及调控措施

由于钢厂设备和工艺等方面的原因，往往会出现板卷头部、中部和尾部性能不均匀的问题，这给成型控制带来很大的困难。由于不同部位强度不同，为保证残余应力符合要求，必须通过适当调整成型工艺来进行弥补，这就需要进行大量的试验来分析总结，并针对性能不均匀程度，采取科学的工艺措施，确保残余应力等符合标准要求。

此外，在实际生产中，成型设备状态如间隙、刚度、钢带宽度和位置变化以及几何尺寸、板材厚度偏差等均可能对残余应力水平和稳定性产生一定的影响。

6.2 螺旋缝埋弧焊管成型过程数值模拟

螺旋焊管的调型比直缝焊管复杂，残余应力的影响因素亦较多，因此，通过数值模拟方法研究主要成型工艺参数对残余应力的影响是一种行之有效的手段。

6.2.1 螺旋缝埋弧焊管成型过程模型

采用 Abaqus 软件、三维实体单元，对螺旋焊管成型过程的非线性接触问题及其与温度场的耦合问题进行模拟和分析，分析模型如图 6.11 所示。该模型共有 7 组成型辊，均设为分析刚体，每组 5 个，其轨迹按照螺旋线设定，每组辊子的升角为 20°。每个辊子长 280mm，相互之间间距 1mm。除 2# 辊外，辊子质心设固定边界条件，可绕其自身轴线旋转。2# 辊可向下运动，提供板料弯曲所需要的压下量。板料宽度为 1542mm，厚度为 18.4mm，长度为 10000mm。板料为 X80 钢级管线钢，其应力-应变曲线如图 6.12 所示。

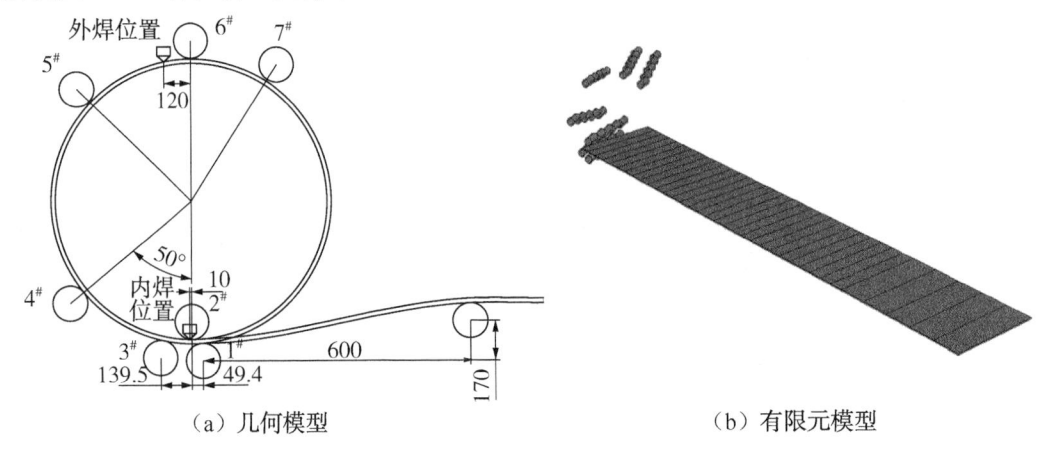

（a）几何模型　　　　　　　　（b）有限元模型

图 6.11　螺旋缝埋弧焊管成型过程分析模型

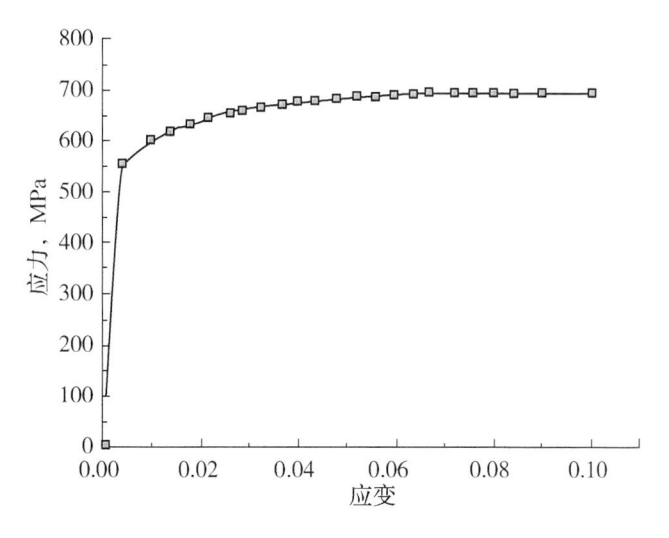

图 6.12　X80 管线钢应力—应变曲线

板料与成型后的圆筒所成角度为 65°，进给速率为 1.7m/min，板料与辊子之间为滚动摩擦，其摩擦系数设为 0.2，2#辊在与板料相切的基础上下压，压下量控制在 6~9mm，成型角控制在 60°~65°。

6.2.2　螺旋缝埋弧焊管成型参数优选

成型过程中板料内的等效应力变化如图 6.13 及图 6.14 所示，可见，在成型辊 1#辊 ~3#辊作用区间应力水平较高，超过了材料的屈服强度。随着板料形成的管坯在成型器内继续向前运动，管坯内的应力得到释放。在这个过程中成型参数的影响很大。

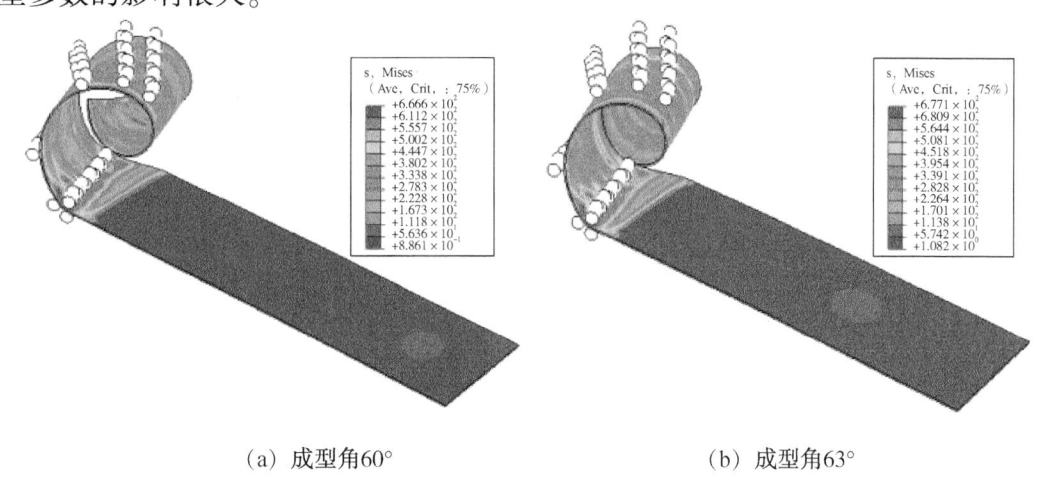

(a) 成型角60°　　　　　　　　(b) 成型角63°

图 6.13　成型角对管坯内应力分布的影响

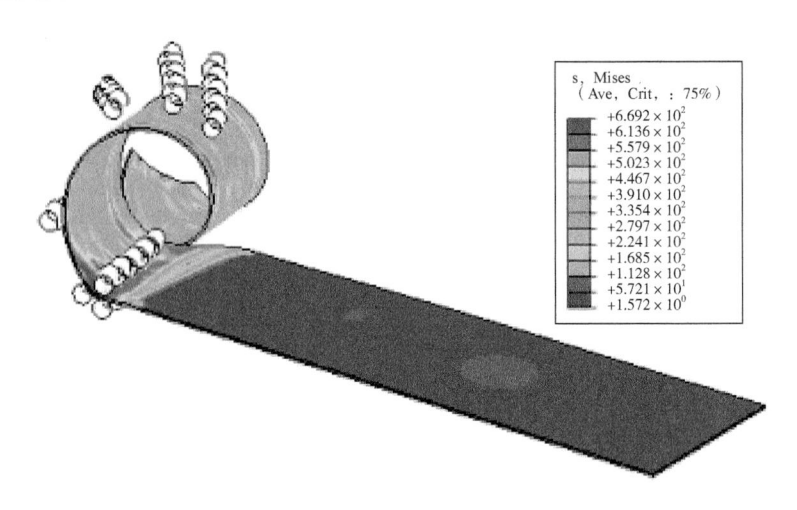

图 6.14　压下量 9mm 时的应力分布

（1）成型角对应力的影响。

图 6.13 为成型角变化对成型后管坯造成的影响。图 6.13(a) 为成型角 60°所形成的管坯，图 6.13(b) 为成型角 63°所形成的管坯。从图中可以看出，成型角为 60°时，所形成的管坯两对边彼此分离，此时成型等效应力较小；而成型角为 63°时，所形成的管坯两对边彼此搭接，形成重叠，此时成型等效应力较大，且在递送边残余应力水平较高。通过反复验算，最终确定合理的成型角为 61°，此角度可以保证焊管边缘没有重叠，没有间隙。

（2）压下量的影响。

图 6.14 为压下量对板料成型造成的影响。从图中可以看出，当压下量为 9mm 时，所形成的管坯直径变小，此时成型等效应力较大。经验算当压下量为 7.5mm 时，在自然状态下成型的管径较为适宜。

6.2.3　螺旋缝埋弧焊管成型过程模拟与分析

成型角为 61°、压下量为 7.5mm 条件下焊管成型工艺过程如图 6.15 所示。从图中可以看出，开始为 2# 辊下压，然后板料向前进给，此时 2# 辊下压的位置始终为峰值应力所在位置。当板料经过 2# 辊之后，继续前进的过程中，由于回弹等因素，使应力得到部分释放。

在板料中取三个位置进行分析。一个在 2# 辊的下压位置，另两个为远离 2# 辊的位置，如图 6.16 所示，分别以 A，B 和 C 标记，其中 A 在 2 号辊的下方，沿 2# 辊的方向排布；B 沿轴向；C 垂直于焊缝位置。在所取各位置分别各取 5 个点，计算出内外表面的应力。

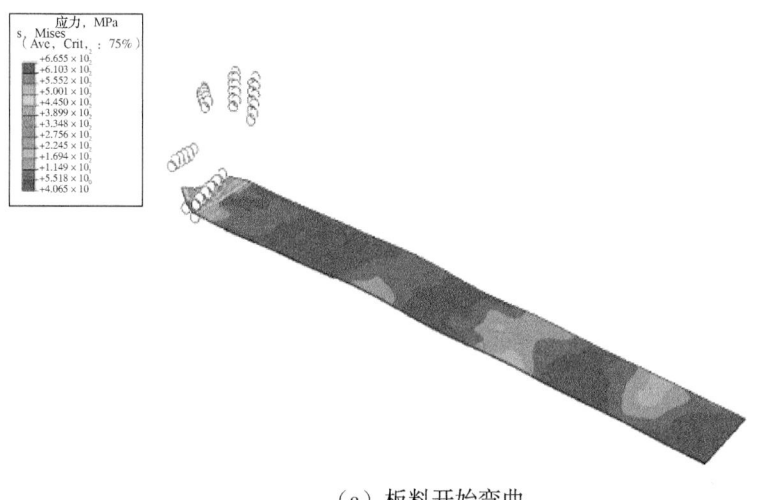

(a)板料开始弯曲

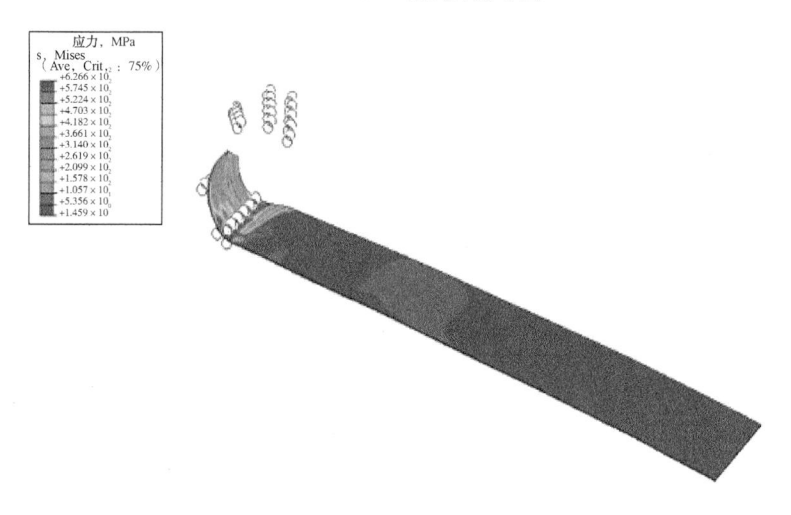

(b)板料成型中

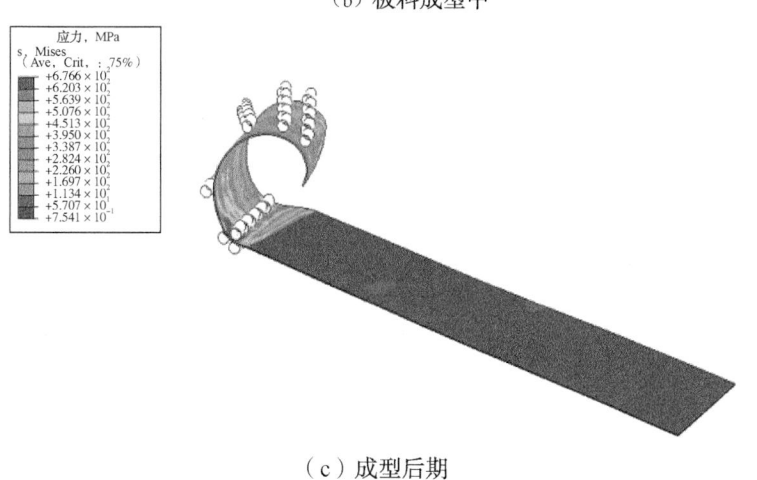

(c)成型后期

图6.15 焊管成型工艺过程

（d）成型结束

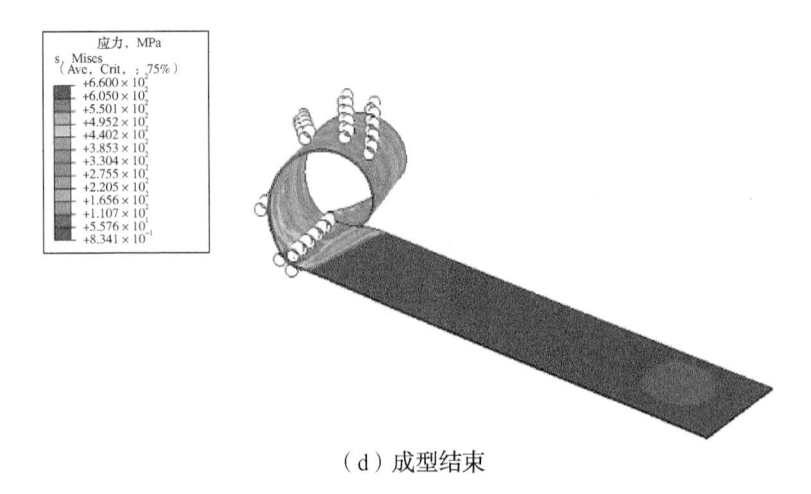

图 6.15　焊管成型工艺过程（续）

（1）周向应力。

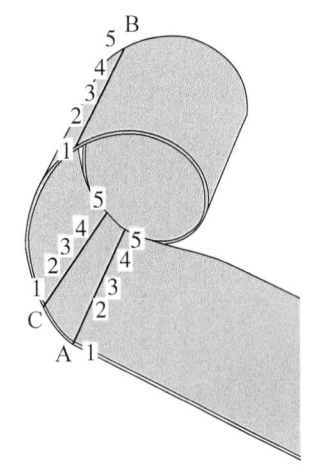

成型后位置 A 的周向应力分布规律如图 6.17(a)所示，其外表面为拉应力，内表面为压应力，且应力幅值较高，最高点应力达到了 618MPa。位置 C 的周向应力分布如图 6.17(b)所示，由于从 2#成型辊出来后管坯内的应力有所释放，在经过了成型和回弹后，板料中心部位内表面的周向应力转变为拉应力，在板边位置内表面的周向应力为压应力，但幅值比处于 2#成型辊位置时有所下降；外表面的周向应力与内表面相反，板边为拉应力，板中心部位为压应力。最高拉应力为 351MPa，出现在内表面。位置 B 距离成型辊更远，其周向应力分布

图 6.16　样本点示意图

如图 6.17(c)所示，分布规律基本与 C 位置一致，最高应力为 332MPa。

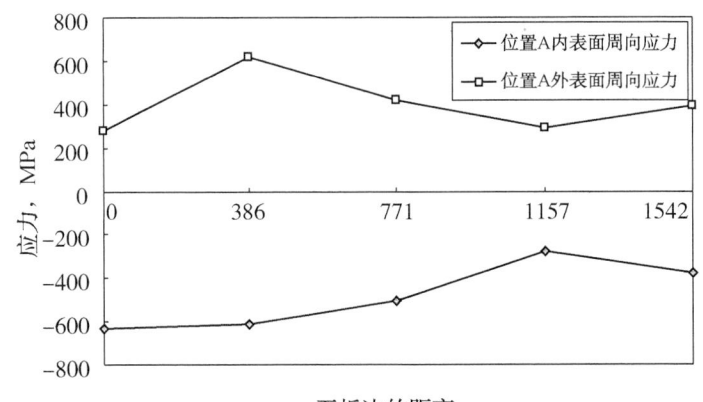

（a）位置A

图 6.17　周向应力的分布

图(b) 位置C

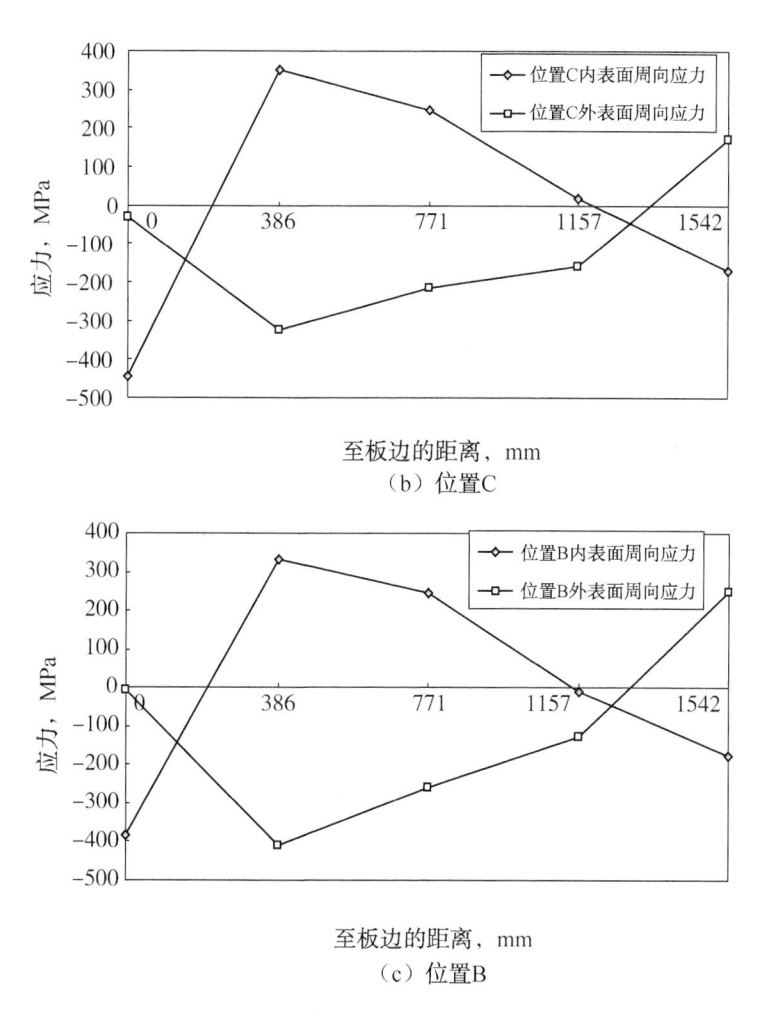

图(c) 位置B

图6.17 周向应力的分布(续)

(2) 径向应力。

位置A、位置C及位置B的径向应力分布分别如图6.18(a)(b)(c)所示。可见，在整个焊管上径向应力相差不大，内外表面的径向应力水平远小于周向应力；在位置B峰值径向应力仅为20MPa，其他位置的径向应力值更低。

(3) 轴向应力。

图6.19为轴向应力的分布规律。在2#成型辊位置处应力值较高。在成型辊所在的A位置处，外表面轴向应力为拉应力，内表面为压应力，成型辊处峰值拉应力为347MPa。在远离成型辊的位置C和位置B处，轴向应力降低。

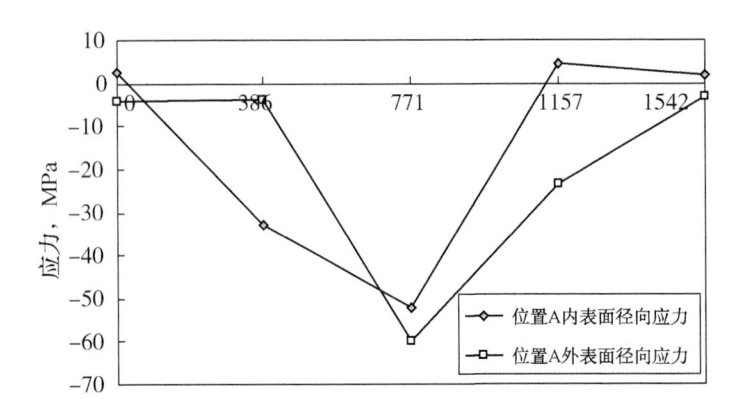

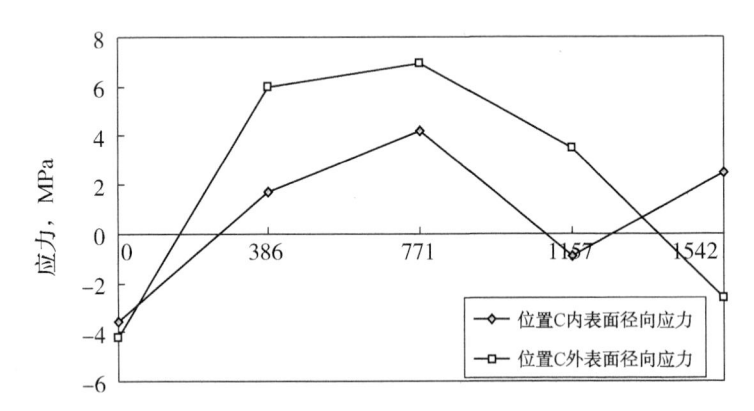

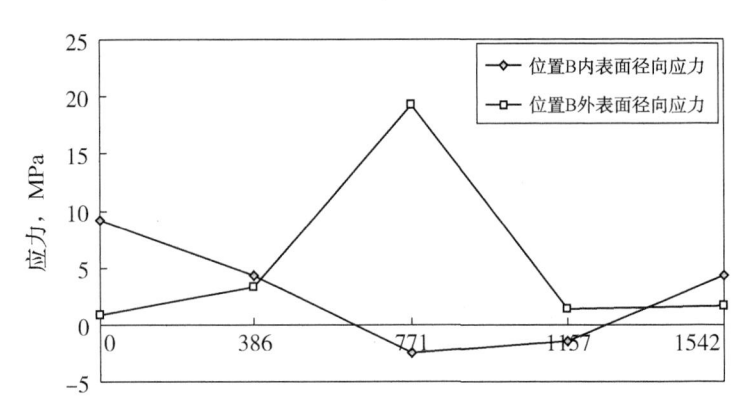

图 6.18 径向应力的分布

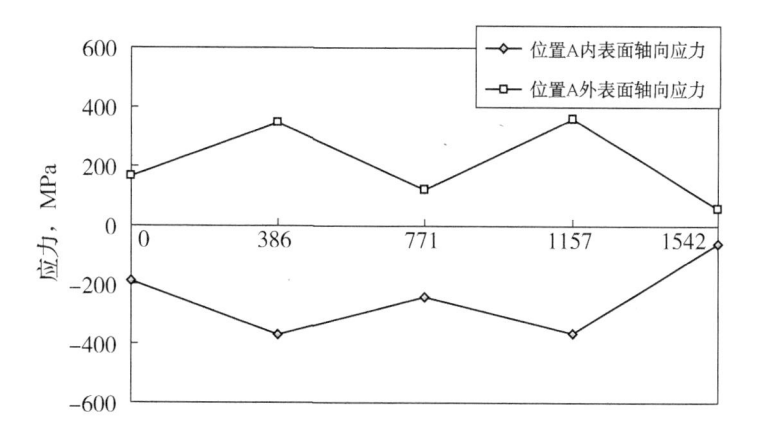

第6章 焊管残余应力的调控

(a) 位置A

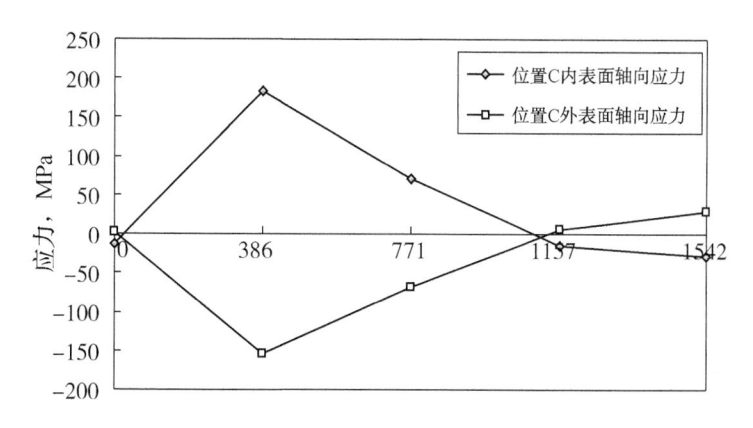

(b) 位置C

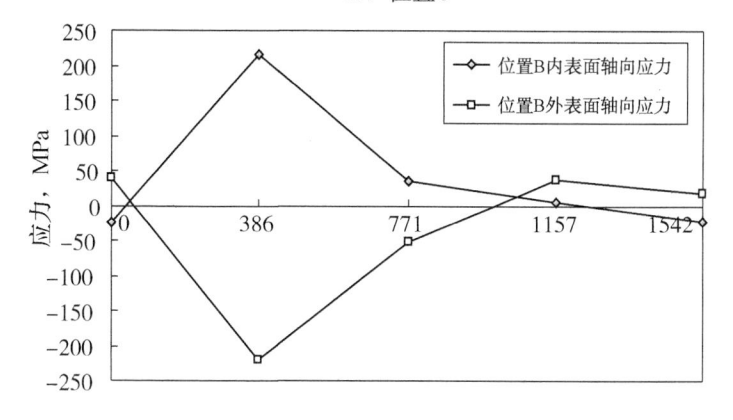

(c) 位置B

图6.19 轴向应力的分布

6.3 小结

（1）成型方式及成型参数是影响油气输送焊管残余应力分布状态的决定性因素，优化焊管成型工艺参数可以调控焊管残余应力分布及水平。

（2）直缝埋弧焊管的残余应力水平取决于管坯的开口尺寸，开口越小，残余应力水平越低。

（3）螺旋缝埋弧焊管内外表面的残余应力状态取决于成型参数，尤其取决于2#成型辊的压下量偏离合理压下量的程度，偏离的越多，应力水平越高。同时可采取成型工艺措施进行调整。

（4）焊接接头处的残余应力水平取决于焊接工艺参数及成型参数。

（5）残余应力受扩径率影响很大，水压试验、防腐层的涂覆等工艺过程对降低焊管的残余应力水平有一定作用。

为了获得低残余应力的焊管产品，在进一步优化焊管成型工艺及焊接工艺、开发高精度测试技术、建立大型焊管残余应力数值分析模型等方面仍需进行大量深入的研究工作。

参 考 文 献

[1] Zou Tianxia, Wu Guanghan, Li Dayong, et al. A Numerical Method for Predicting O-forming Gap in UOE Pipe Manufacturing[J]. International Journal of Mechanical Sciences, 2015, 98: 39-58.

[2] 白忠泉. 微弹复螺旋焊管稳定成型的控制方法[J]. 焊管, 2008, 31(6): 63-66.

[3] 王坤显. 低结构应力螺旋焊管成型调整探讨[J]. 焊管, 2005, 34(2): 26-29.

[4] 白忠泉. 螺旋焊管的成型技术[J]. 焊管, 2004, 27(3): 48-59.

[5] 肖国章, 高霞, 库宏刚. 螺旋埋弧焊管的残余应力形成及控制措施[J]. 焊管, 2014, 37(11): 68-72.

[6] Giannoula Chatzopouloua, SpyrosA. Karamanosa, GeorgeE. Varelis. Finite Element Analysis of UOE Manufacturing Process and Its Effect on Mechanical Behavior of Offshore Pipes[J]. International Journal of Solids and Structures, 2016, 83: 13-27.

[7] 余大典, 王啸修. 直缝焊管机械扩径工艺技术研究[J]. 宝钢技术, 2008(3): 62-65.

[8] 付正荣. 螺旋焊管冷扩径技术的试验研究[J]. 重型机械, 1999(5): 18-22.

[9] 吉玲康, 颜峰, 霍春勇. 螺旋缝埋弧焊管的水压和稳压试验及残余应力[J]. 石油机械, 2008, 28(3): 15-17.

[10] 熊庆人, 冯耀荣, 霍春勇. 螺旋缝埋弧焊管残余应力的测试与控制[J]. 机械工程材

料，2006，30(5)：13-16.

[11] 陈建存．螺旋焊管的发展历史和强度特点．[J]．焊管，1987(2)：P32.

[12] 孙冰心，柏永清，庞永俊，等．城市天然气用焊管涂塑新工艺技术[J]．焊管，2004，27(6)：58-62.

[13] 郭超亚，鲁世红．铝合金超声喷丸残余应力场[J]．中国表面工程，2014，27(2)：75-80.

[14] 张海．冷轧辊回火工艺及残余应力的研究[J]．热加工工艺，2009，38(22)：135-138.